全彩版

图解果树栽培与修剪关键技术

[日]小林干夫 监修

张国强 译

机械工业出版社
CHINA MACHINE PRESS

前言 果树栽培的乐趣

随着人们生活方式的转变，家庭果树栽培逐年盛行。随着季节的交替变化，果树长期陪伴着家人，渐渐被当作家庭成员，与家人一同成长。等亲手栽培的苗木长大结果后，将果实吃到嘴里瞬间的喜悦感，是任何事物都无法代替的。在树上充分成熟的果实，不仅具有水果原有的风味，而且内含水果培育的丰富乐趣，给人以全新的感受。

无论是有趣的庭院栽培，还是盆栽等时尚栽培，都简单易学。培育的许多果树品种，都能够随着四季而变化，让我们欣赏各种花或果实。

为了解决果树栽培过程中的问题，以及庭院栽培的果树难结果等问题，本书从苗木的栽培方法到枝条的修剪方法等基础栽培操作，甚至是促进其正常结果的“专业技术”，都利用通俗易懂的照片或图解进行了说明，相信对大家一定有很大帮助。

如果本书能使您增加对家庭果树栽培的兴趣，那就太好了！

小林干夫

目 录
CONTENTS

第2章

家庭栽培的热门果树

第3章 推荐给初学者的莓类

第4章 果实色泽漂亮的柑橘类

索引 INDEX

果树栽培术语

A

矮化
具有降低树高的性质。嫁接在矮化砧木上的苗木，树体会变小。

C

侧枝
从次主枝上抽生的枝条。结果的枝条从侧枝上抽生。

常绿树
整年都不落叶的树木。果树主要有柑橘类。

赤玉土
将火山灰干燥后得到的可分为大粒、中粒、小粒、微粒的土壤介质。其通气性、保水性、排水性都非常优越，作为万能土壤介质，被广泛用于盆栽。

纯花芽
花芽内部只生长开花的芽。

雌雄异株
雄花和雌花分别开在不同植株上的果树，只有同时栽植雄株和雌株，才能结果。

次主枝
从主枝上抽生的枝条。一般给主枝配置2~3根次主枝作为骨架。

D

短截修剪
在1年生或当年生枝条中间剪断的修剪方式，能使枝条增加分枝，在使其着生短果枝或花芽时进行。

堆肥
把落叶、稻壳、鸡粪等发酵形成的有机肥，作为基肥使用。

F

发育枝
1年生枝条中，不结果的枝条。

分株苗
由地下茎抽生的新梢。莓类经常发生。

腐叶土
由阔叶树的落叶、枯枝腐烂形成的东西，有机质含量丰富，可提高土壤中微生物的活性。

G

隔年结果
结果多的年份与几乎无果的年份交替出现的现象。柑橘类容易发生。

根蘖
从植株基部抽生的枝条。

H

后熟
将采收的果实存放一段时间，使其充分成熟的现象。

花芽
生长发育形成花的芽的总称，有纯花芽和混合花芽之分。

花药
雄蕊的一部分，贮藏花粉的器官。

化肥
化学合成，具有果树生长必要营养元素的肥料。

混合花芽
花芽内部生长形成枝叶和花的芽。

J

嫁接苗
利用枝条或芽的一部分嫁接在另一植株上育成的苗木。比实生苗结果早。

结果
植物着生果实，也叫结实。

结果母枝
抽生结果枝的枝条。

结果枝
结果枝条的总称。根据长度不同可分为长果枝、中果枝、短果枝。

L

落头
回缩主干，控制树高的现象。

落叶树
旱季或冬季落叶的树木。果树中，苹果、梨等多数属于此类。从夏季到秋季，果实持续挂在树上。

N

蘖
树莓等从植株基部抽生的新梢。

P

盆底石
为了提高排水性，与土壤混合放在盆底部的粒状大石子。

匍匐性
蔓在地上爬行生长的性质。

R

人工授粉
通过人工方法进行授粉的现象。即使可以自花授粉，也没有人工授粉结的果实好。

S

生理落果
为防止养分消耗，果树上的果实自然脱落的现象。

施肥
将肥料施于土壤中或喷洒在植物上。

实生苗
播下种子发育成的苗木。由种子发育成植物的现象称为实生。

疏除修剪
将枝条从基部剪掉的修剪方式，用于剪掉无用的枝条。

疏果
摘除幼果。减少果实的数量，可使每个果实都能长大。

疏蕾
开花前摘除花蕾。目的是防止树体结果过多，消耗增加，导致每个果实都长不大。

四季性
柠檬等整年都能开花结果的性质。

酸性土
用水藻或蕨类发酵的高酸性土壤，用于栽植喜好酸性土壤的蓝莓等。

T

徒长枝
长势过旺、过长的枝条，难以开花结果。

W

晚熟品种
果实的采收时期比果树的平均采收时期晚的品种。

X

新梢
当年春季抽生的1年生枝条的总称。

Y

叶芽
抽生枝条和叶片的芽。

叶腋
叶片与其着生的茎之间的部分，是形成芽的地方。

腋芽
着生在叶腋间的芽。

引缚
利用细绳或支柱引导枝条生长的方法。目的是控制树高，使其结果良好。

有机质肥料
以动植物代谢产物为原料的有机物经过充分发酵腐熟的肥料，具有缓慢释放、长期供肥的效果。

玉肥
用油渣或骨粉混合形成的球状有机肥。

Z

早熟品种
果实采收时期比果树的平均采收时期早的品种。

植物生长调节剂
植物激素的一种。在果树栽培中用于葡萄无核化处理。植物生长调节剂在市面上能买到。

主干
成为树体中心的干。

主枝
从主干上抽生的，作为树的骨架的枝。

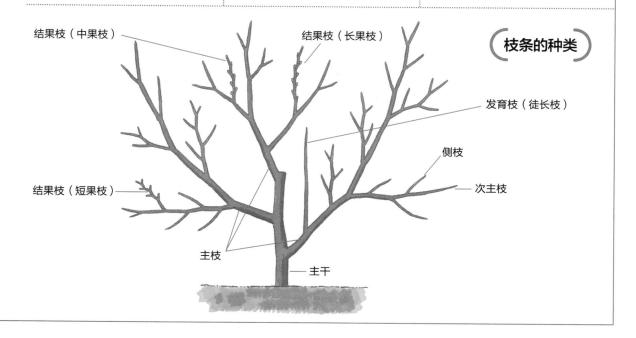

枝条的种类

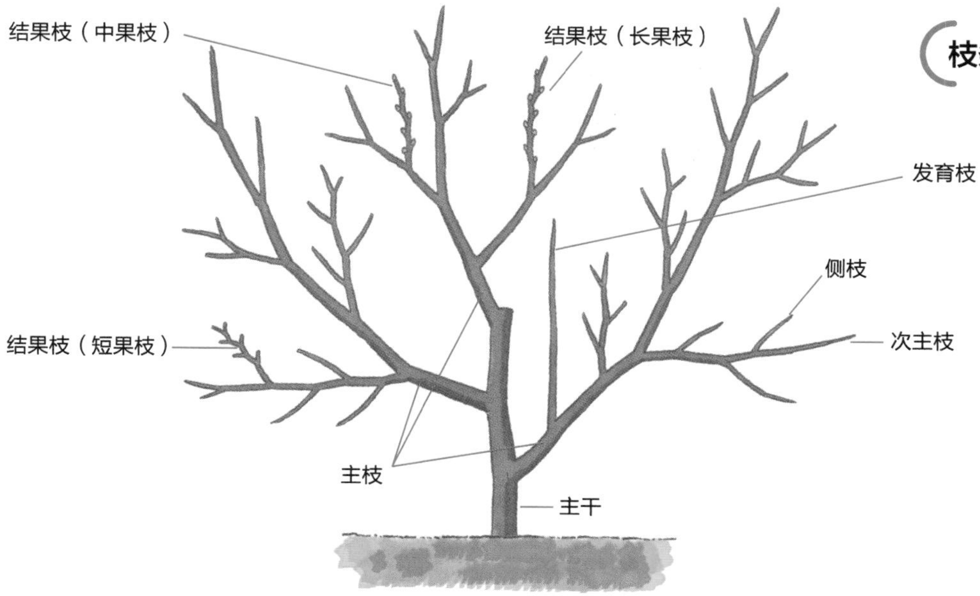

本书的使用方法与特色

品种的选择方法 ➡ 栽植 ➡ 整枝修剪 ➡ 开花、人工授粉 ➡ 果实管理 ➡ 施肥 ➡ 采收 ➡ 病虫害

按照栽培顺序解说，但是省略了果树没有必要的管理。

从果树栽培教程中，严格挑选出容易实践、效果显著的技巧作为“专业技巧”进行解说。利用大量的照片进行详细解说，能够使读者将所学知识快速应用于实践。

虽然本书尽量不用专业术语解说，但是，当难以理解的词语出现时，请参考“果树栽培术语”（P6）。

苗木的栽植、肥料的供应方法等，各种果树共有的操作，请参考第1章“果树栽培的基础知识”中的详细解说。

在病虫害的防治部分介绍了不过量使用农药的方法。病虫害为害面积不大时，请参考“农药的正确使用”（P32）。

本书介绍了40多种果树的“管理月历”（P190），敬请参考。

本书的用法

●留果量

生产1个果，果树应具备的叶片或花序数量。掌握疏果的标准。

5级图符

差　稍差　一般　稍强　强

专业技巧

讲解了栽培过程中的专业技巧。分为6个效果，一目了然。

增大果个　提高坐果率　增加产果量　提早结果　保护树体　改善风味

开花、人工授粉

开花时期与人工授粉。

果实管理

疏蕾、疏果、套袋等管理。

栽培资料

快速掌握果树的特性、栽培特点。

栽培月历

这个月历以日本关东地区（气候类似于我国长江流域）一般情况下果树生长发育的情况为基准，会因地域不同而有所变化，仅供参考。

品种的选择方法

按照容易掌握的、容易栽培的优质品种的顺序进行介绍。

整枝修剪

讲解了修剪时应该掌握的果实着生方式、树形培养方法和修剪要点。

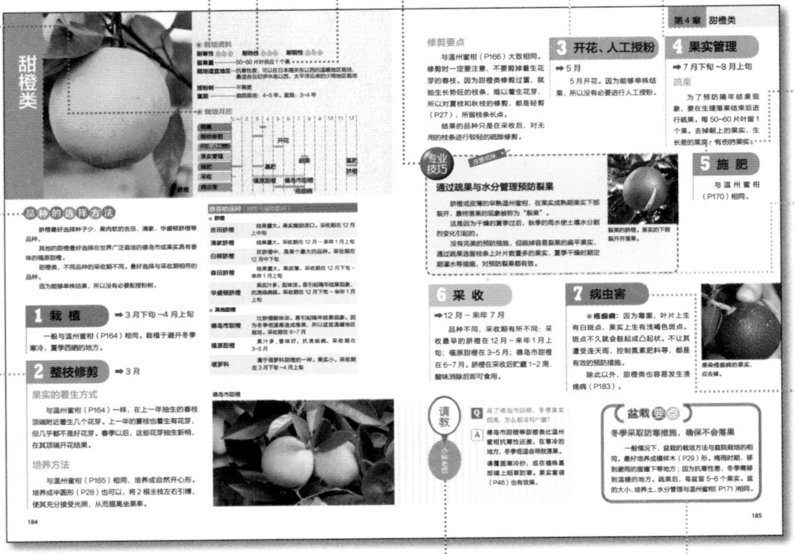

施肥

施肥时期与肥料的种类、使用量。

采收

讲解了采收时期和充分成熟果实的采收方法，以及采收时期因品种和栽培地区不同而应有的变化。

病虫害

容易发生的病虫害。介绍了尽量不使用农药的处理方法和措施。

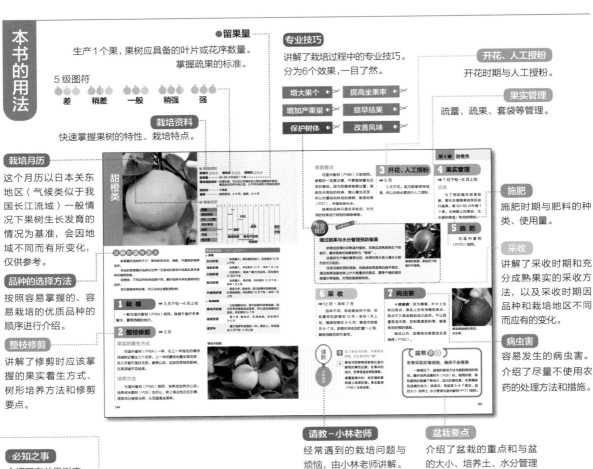

请教－小林老师

经常遇到的栽培问题与烦恼，由小林老师讲解。

盆栽要点

介绍了盆栽的重点和与盆的大小、培养土、水分管理相关的知识。

必知之事

介绍了有关果树应知的实用栽培知识。

> **必知之事**
>
> 因为柠檬酸橙抗寒性都差，会因霜害而发生落叶，所以要采取预防措施。只在夜间将盆栽移到室内就可以了，用瓦楞纸板等材料做成的大箱子盖住盆，也能防寒。因为有箱子隔绝冷空气，所以能保护盆栽。

关于肥料的使用量

大多是因对幼树施肥过量而造成栽培失败，所以本书介绍了树龄为1~3年的树的肥料使用量。结果的树要多次少量施肥。本书还依次介绍了所用有机质肥料的配制、化肥的种类。

有机质肥料　配制A：骨粉、油渣、草木灰按5:20:3配制。配制B：骨粉、油渣、草木灰按1:5:1配制。

化学肥料　使用氮（N）、磷（P）、钾（K）含量各为10%的速效肥（市场上多以“N-P-K=10-10-10”标示）。

第 1 章 果树栽培的基础知识

虽说果树栽培非常难，
但如果掌握了栽培要点，
就没有那么难了。
充分理解各种果树的栽培管理要点后，
每年就能轻松地采收果实了。

正确选择苗木

果树栽培从选择苗木开始。苗木的质量对以后树体的生长影响很大，所以要慎重选择优质苗木。

最好选用嫁接苗

所谓的苗木，是指1~2年生的幼树。根据繁殖方法的不同，苗木可分为嫁接苗、实生苗、扦插苗等种类。一般情况下，这些苗木都能遗传亲本的优良性状（树形或果实性状），但莓类、无花果等除外，不过最好选择能够早结果的嫁接苗。

> **空间不足时，选用矮化砧苗木。**
>
> 具有矮化砧的果树，树体较小。不同种类的果树有不同的矮化砧木，市场上都能买到。接在矮化砧木上的苗木可以进行小型栽培，多用于盆栽或受栽培空间限制的情况，比接在普通砧木上的苗木提早结果好几年。
>
> 有矮化砧苗木的主要树种有：
> **樱桃、梨、葡萄、桃、苹果**

嫁接苗，是用生长健壮的树作为砧木，在其上嫁接结果性状优良的品种的苗木。在苗木的下方能看到嫁接部位。

确定品种与栽植时期

果树有栽植 1 个品种就能结果的，也有必须栽植 2 个以上品种才能结果的。一定要在确定了果树性质和品种以后才能购买。

没有列出的品种，要咨询售货员。

以往都是提前预订苗木、提前购买，现在都是到了苗木栽植时期才购买。

落叶果树的苗木在树体的休眠期［从秋季到冬季（11~12 月）］购买，而常绿果树的苗木则在春季（3 月左右）购买。

栽植时期前购买的苗木，要在院内假植，用土将苗木埋起来。

优质苗木的鉴别方法

市场上卖的苗木包括栽植在小型营养钵中的钵苗，以及去掉根系土壤，将根露出来的裸根苗。裸根苗能看见根的状态，不去专卖店是买不到的。钵苗与裸根苗各自都有优质苗木的鉴别方法（P11），在选择苗木时可参考。

栽植 1 个品种不能结果的主要树种	
一定要栽植 2 个品种	猕猴桃（猕猴桃有雄性品种和雌性品种，每个品种都要栽）、梨、八朔、日向夏等
几乎所有的品种都要栽 2 个品种	苹果、李子、樱桃、梅、板栗、橄榄、蓝莓等
因品种不同，选 2 个品种栽植	桃、柿子等

钵苗的鉴别方法

嫁接部位粗细与高低差异不大的苗木是好苗木。

一旦嫁接部位受伤或扭曲变形，病虫害就容易从嫁接缝隙间侵入。

盆底的状态

根从盆底长出的苗木，若继续把根盘在盆中，就会出现生长不良现象。

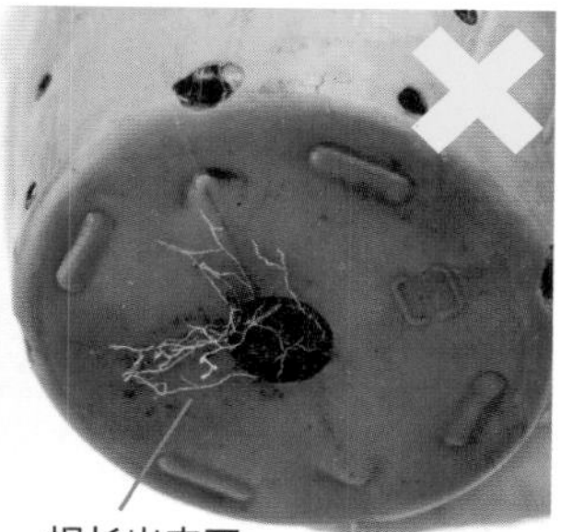

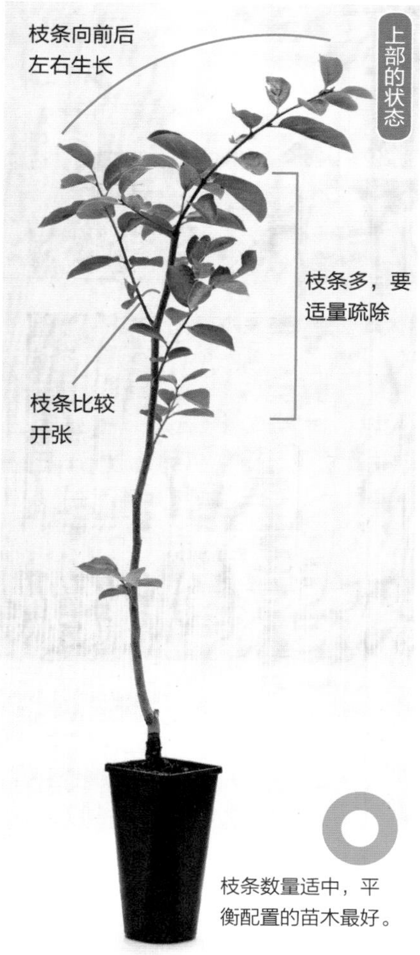

枝条数量适中，平衡配置的苗木最好。

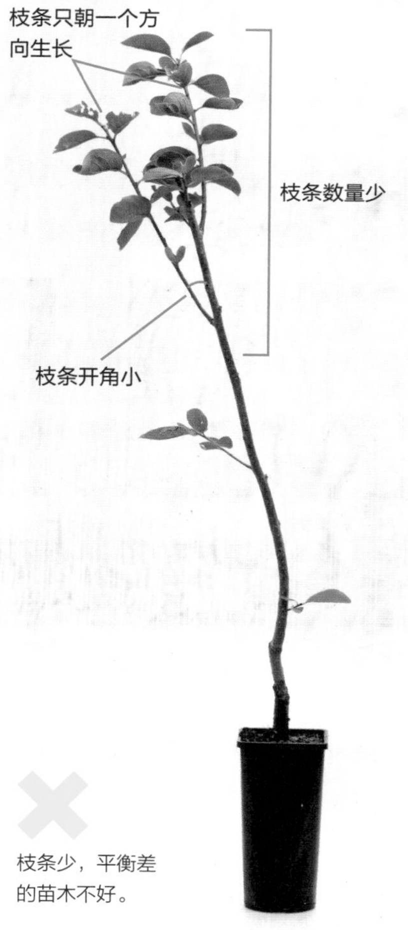

枝条少，平衡差的苗木不好。

裸苗的鉴别方法

除了嫁接部位和上部以外，还能看见根的状况。

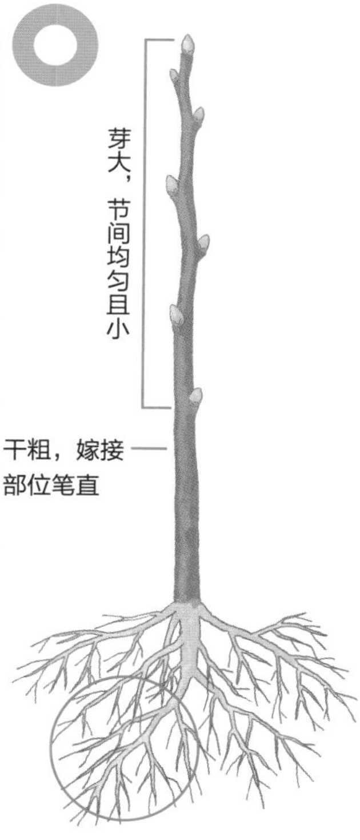

细根多，不怕旱。
若是像牛蒡一样的粗根则不好。

适宜果树栽植的环境条件

栽植前准备适于果树生长的条件，栽植后必须根据天气与季节变化，采取措施保护果树。

选择果树栽植场所

选择栽植地点时，首先考虑太阳光能照射到的地方。因为植物的光合作用在上午就能达到顶峰，所以早晨有阳光照射的南面比较合适。特别是喜光的果树，要栽植在阳光一直能照射到下午 2 点左右的地方。

考虑到树体的生长与根系的扩展，选择场所时最好留有一定的富余空间。选择通风良好的地方也非常重要，因为通风不良会加大病虫害的危害。此外，营养丰富、透水性好的土壤，也是果树栽植场所的必要因素。

适于果树栽植的环境

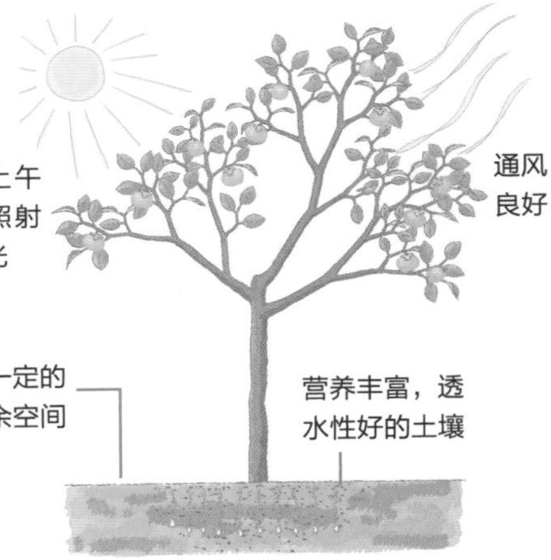

土壤管理

一般情况下，居住庭院的土壤坚硬、养分少，栽植前的 2 周左右，要深翻土壤并且混施腐叶土与有机肥（牛粪、油渣等），改善土壤条件。

住宅地的土壤要挖 40~50 厘米深，因为大多是透水性差的黏土，这种情况下就要用盆底石改善透水性。

调节土壤的方法

能看到距地表 40~50 厘米处的黏土层。

在挖上来的土堆中间开好坑。

在坑里添加用腐叶土（与挖出的土等量）和油渣等制作的有机肥，搅匀，回填。

改善透水性的措施

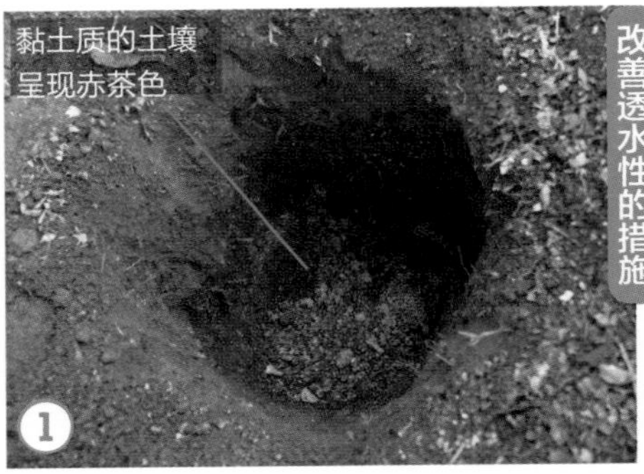

挖直径与深度都是 40~50 厘米的坑。

铺上盆底石，将挖出的土与腐叶土或有机肥混匀，回填。

防止西晒

用来防止西晒的遮阳网。斜立支柱是关键（照片中栽植的是蓝莓）。

温度管理

盆栽时，最好把温度计插入土中，随时观测温度。如果温度夏季高到 40℃、冬季低至 2℃，就要挪地方了。

温度管理措施

庭院栽培时，喜阴的果树必须采取防热措施，最好不要西晒。庭院栽培时没有必要采取防寒措施。

盆栽用土较少，容易引起剧烈的温度变化，因此通过移动盆体应对冷热和实施精细的温度管理都是非常必要的。

在寒冷的冬季，不要将盆栽直接放在地面上，最好放在铸件或支架上，防止土壤温度下降。即使如此，出现低温时，也移放至室内。

防风措施

风力过大时，会造成新梢折断、果实脱落、叶片之间互相摩擦受伤，导致病害侵染伤口。特别是 5~6 月的幼果，果皮嫩，易受伤，一定要注意防风。

防风措施包括悬挂防风网或用细绳固定枝条。

在周围挂上防风网，这对阳台上的盆栽也是有效的。

改善通风的措施

随着树体的生长，枝条伸长，树冠密挤，树体内部通风条件会恶化。这种情况下，就要对密挤部分长出的徒长枝等无用枝条进行修剪，以改善通风条件（各种果树的整枝修剪请参见 P22~27）。

防雨措施

庭院栽培葡萄等在梅雨期果实膨大的果树时，为了不让雨水滴到果实上，最好给果实套伞或套袋。

盆栽树莓等在梅雨期开花的果树时，为了不让雨滴到花粉上，可通过挪盆等方式防雨。

葡萄套伞

盆栽的防雨措施

盆栽的话，可以做个架子，罩上塑料布，或者直接移至屋檐下避雨。

适合果树栽植的地方一旦选定，就能栽植苗木了。按照时期和顺序栽植，成活率就高。

栽植时期

选择根系不活动的休眠期或在新根发生前栽植。落叶果树的适期在12月～来年1月。但是，寒冷地区为防冻害，应在3月栽植。常绿果树在冬季也不休眠，即使在温暖的地方，最好也在根系活动开始之前的3月栽植。

栽植顺序

准备苗木。裸根苗在栽植前，先去掉土壤，剪掉根系前端，在水中浸泡半天。钵苗直接带土栽植。

挖栽植坑。坑深40厘米、直径40厘米为好。

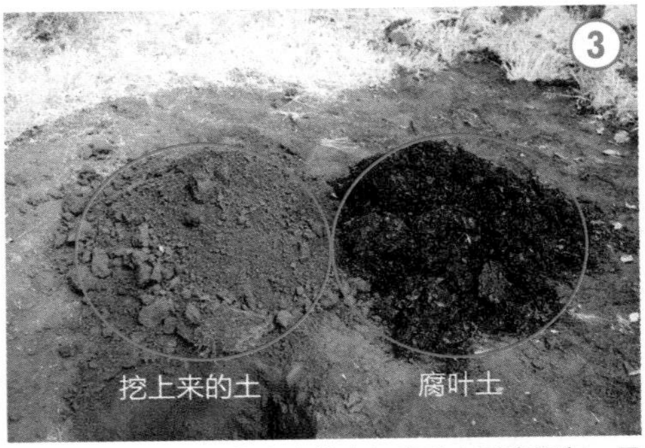

没有配土的话，把挖上来的土与腐叶土对半混匀。已经配土的话，就没必要进行③～⑤的操作了。

在③的用土量的一半里加入牛粪、油渣等有机肥混合，并注意回填前不要让苗木接触肥料。

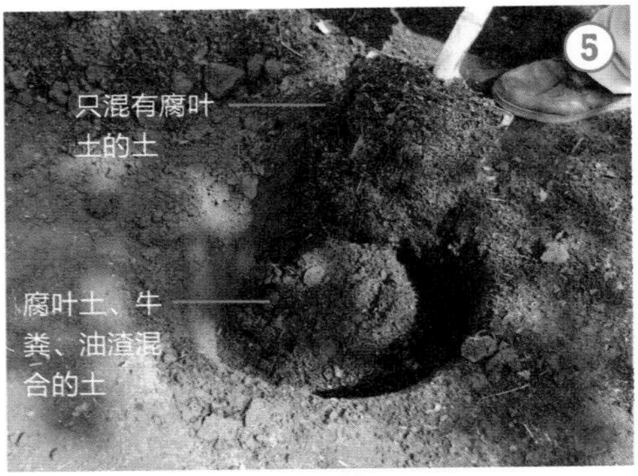

用④的土与腐叶土混匀，回填。

与⑤的土一起栽植苗木。根系不带土的裸根苗，在舒展根系后栽植。

浇水时，在苗的周围挖灌水盘，不要让水流出来。

充分灌水。

拆掉灌水盘，轻轻盖土。庭院栽培时，要栽在比地面略高的位置，进行浅栽。

立支柱，用塑料绳固定。支柱要插到坑底。

为了促发新枝，对顶端摘心。

栽植完成。

沃土固根

栽植后，经过几年，莓类、柑橘类、葡萄、桃等果树的根系会上浮。为了防止根系缺水，导致生长发育变差，要在根系上覆盖少量土。此时，将腐叶土等覆盖在植株基部，可以沃土固根。适期是在低温回升的5月上旬以后，或者8月下旬和9月。

4年生的蓝莓植株，根系上浮后，有一部分露出地表。

在伸向最外侧的枝条下方挖环状沟，以增大根系吸收肥料的面积，促进生长。

将挖出的土与等量的腐叶土混合，再加上油渣、牛粪等有机肥，盖住树干的一部分。

堆土。因为堆土后植株基部会生根，所以生长会更好。

盆栽培养土

盆栽要用团粒结构大、透水性好的赤玉土与落叶等充分发酵分解的腐叶土相混合的土，赤玉土与腐叶土的比例基本上为1:1。用市场上销售的园艺用培养土也可以。根据不同的果树加入矿石经高温干燥形成的蛭石、珍珠岩，或给喜好酸性土壤的果树加入酸度高的草炭土，都有利于果树生长发育。

一般培养土

赤玉土与腐叶土按1:1的比例混合。

其他培养土

蛭石

矿物经干燥形成的培养土，可以改善保水性。柿子等喜水果树，要去掉1/3的赤玉土，用蛭石代替。

草炭土

水苔等发酵形成的酸度高的培养土。喜好酸性土壤的蓝莓等，要用草炭土来代替腐叶土。

腐叶土在使用前，应过一下粗筛，以去除滋生病虫害的较大的落叶和枯枝。

盆底石（陶粒土）

混入培养土可改善排水性，用于柑橘类等喜好排水良好的果树。

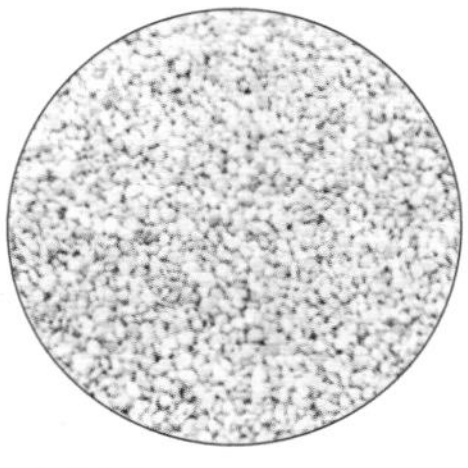

珍珠岩

矿物经干燥形成的培养土，可改善通气性。桃、葡萄等要去掉1/3的赤玉土，用珍珠岩代替。因为其本身质量轻，所以整个盆也轻了。

与庭院栽培不同，盆栽的土壤决定了植物的生长发育，所以培养土的准备非常重要。栽植后，为了利于其根系生长，要移栽到更大的盆中，也就是必须上盆。

选盆方法

树体长大后，最好选用轻便易操作的塑料盆。要选择比苗木大1~2号的盆。也可以用栽培箱或通气性良好的无纺布代替盆。

1个栽培箱避免栽2株植物

也可以用栽培箱栽培，但是要避免1个栽培箱栽2株植物，否则无论哪株长势过旺，生长都不整齐。临时观赏用还可以，但是长久栽培的话，1个栽培箱最好栽1株植物。

无纺布栽培

使用无纺布的盆栽。优势在于通气性好，土壤温度不会上升，多用于栽培蓝莓。

盆大小的辨别方法

将钵苗放在盆的中间，选择所留空隙在1.5~3厘米的盆，即大1~2号的盆。

栽植

盆栽的栽植时期与庭院栽培相同。带叶的常绿果树栽植时，不去根系的土壤；叶片脱落的落叶果树，去掉根系的土壤后栽植。根系过大、放不到盆里时，剪掉根系中过粗或受伤的部分后再栽植，注意不要剪掉细根。

将赤玉土与腐叶土按 1:1 混匀的培养土放在盆里 1/5 的深度，把苗木放在盆中间。

土壤距盆上部（盆沿）3 厘米

将培养土填至距盆上部（盆沿）3 厘米的地方，根系间用土填实。栽植后浇足量水。

上盆与换盆

栽植 2~3 年后，根系在盆中盘根错节，甚至长出盆外。1~4 年生的小树要上盆的话，需选择大一点的盆移栽。成龄树去掉无用根后，用原来的土栽植在原来的盆里，进行换盆。如果根从盆底长出来，就上盆。

上盆

根系从盆底长出来。因为垫根，所以要进行上盆。

将剪刀插入盆与根系的缝隙间进行剪除

挤出的根系应全部剪掉。把植株从盆里拔出，按照栽植要点，移栽到大一点的盆里。

苗木的更新

刚买的苗木也有垫根的现象。试着从盆里拔出来看看，根系盘绕着外侧的土壤、根系颜色变黑、根系从盆的下面长出来等，都会造成垫根。这样的苗木要进行根系更新栽植。一定要通过上盆、换盆来更新根系，避免同样的情况再次发生。

外侧有根系盘绕，土壤也变得比较坚固

① 从盆里刚拔出来的苗木。根系盘绕在外侧与盆底，引起垫根。

长出土肩的根系与剥落的土壤

② 剪掉长出土肩的根系，剥落那部分土壤。

纵切盘绕在外侧的根系
纵向切入

③ 像水流过一样，纵向切掉盘绕在土壤外侧的根系。

像掏耳朵一样削掉

④ 最后，就像水从底部抽出一样，削掉底部土壤的 1/5，形成空穴后再栽植。

肥水供应方法

肥料的三大元素

植物通过根系从土壤中吸收养分，随着树体的吸收，土壤中的养分减少。因此，需要供应肥料来补充减少的养分。在肥料所含的养分中，氮（N）、磷（P）、钾（K）被称为三大元素，有利于果树的生长发育。三大元素在果树的特定部位有不同的作用。

氮
利于叶片与枝条的发育
磷
利于果树花芽的形成与结果
钾
利于加粗根系，增大果个

为了获得大量的果实，肥水管理不可缺少。但肥水也不能供应过量，保持树势中庸即可。

肥料的种类

肥料分为有机质肥料和无机质肥料两大类。动物的粪便等由动植物自然代谢形成的产物是有机质肥料；在工厂等通过化学方法制造的肥料是无机质肥料，也包含天然的矿物质肥。能够巧妙地使用这两类肥料，是施肥的关键。

无机质肥料

无机质肥料是指氮、磷、钾三大元素中的两种及以上经过化学合成制成的肥料（复合肥），以及只含有一种成分（如硫铵等）的单一元素肥料，主要作为追肥或礼肥（即采果肥）使用。化学肥料分为效果迅速表现的速效性化肥和效果缓慢表现的长效性肥料。用作追肥或礼肥，或与有机质肥料一起用作基肥时，都要用速效性化肥。

复合肥
由氮、磷、钾以不同比例混合而成，形状分为粒状（如图所示）和液体状。

硫铵
正式名称为硫酸铵，其含有大量氮素。市场上卖的浓度高，用量要少。

有机质肥料

因为表现效果较慢，所以一定要在养分需求的 3~4 个月前供应。主要用作基肥，可通过土壤生物的活动改善土壤。除了用动物骨骼制成的骨粉（含有大量磷元素）和牛粪、鸡粪、腐叶土等外，还包括鱼的内脏经干燥后制成的细小鱼粉等。

骨粉
把猪或鸡的骨骼制成细碎的粉末，含有大量的磷元素。

牛粪、鸡粪
牛或鸡的粪便经发酵后的产物，含有大量的氮、磷元素。

油渣
菜籽或大豆经榨油后剩余的残渣，含有大量的氮元素。

草木灰
植物燃烧后的灰烬，含有大量的钾元素，与油渣和鱼粉混合使用。

通过肥料控制生长

供应肥料的过程称为施肥。因为果树自身能够贮藏养分，调节生长，所以施肥的前提是供应量少。但是，因树势而异，氮素供应过多的话，控制生长就尤为重要。

❶ 增强树势

树势弱、生长变差时，供应肥料量要多，特别是供应氮素肥料要多，这样叶片和枝条的生长才能改善。

❷ 提高坐果率

氮素过多，花芽养分回流，只供给枝条和叶片生长，坐果会变差。这种情况下，只有控施含有氮素的肥料，才能提高坐果率。

❸ 增大果个

追肥时期应大量供应有助于果实生长的钾元素，而不供应促进枝条或叶片生长的氮元素。

施肥时期与目的

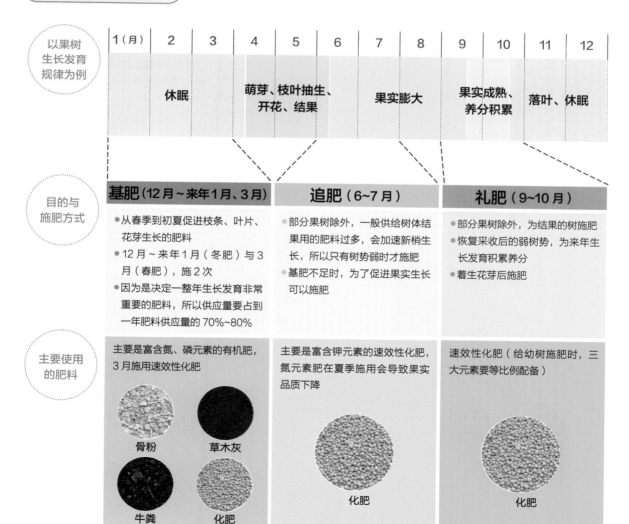

以果树生长发育规律为例	1（月）	2	3	4	5	6	7	8	9	10	11	12
	休眠			萌芽、枝叶抽生、开花、结果			果实膨大		果实成熟、养分积累		落叶、休眠	

	基肥（12月~来年1月、3月）	追肥（6~7月）	礼肥（9~10月）
目的与施肥方式	●从春季到初夏促进枝条、叶片、花芽生长的肥料 ●12月~来年1月（冬肥）与3月（春肥），施2次 ●因为是决定一整年生长发育非常重要的肥料，所以供应量要占到一年肥料供应量的70%~80%	●部分果树除外，一般供给树体结果用的肥料过多，会加速新梢生长，所以只有树势弱时才施肥 ●基肥不足时，为了促进果实生长可以施肥	●部分果树除外，为结果的树施肥 ●恢复采收后的弱树势，为来年生长发育积累养分 ●着生花芽后施肥
主要使用的肥料	主要是富含氮、磷元素的有机肥，3月施用速效性化肥	主要是富含钾元素的速效性化肥，氮元素肥在夏季施用会导致果实品质下降	速效性化肥（给幼树施肥时，三大元素要等比例配备）

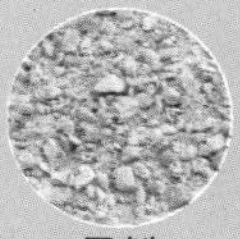
骨粉

草木灰

牛粪

化肥

化肥

化肥

肥料的施用方式

给庭院栽培的果树施肥时，应注意根系不能接触肥料，否则根系接触肥料后不能吸收水分，肥料分解产生的热量会烧伤根系。因为盆栽浇水时会导致肥料流失，所以与庭院栽培相比，盆栽时的施肥次数要多。

庭院栽培时的施肥

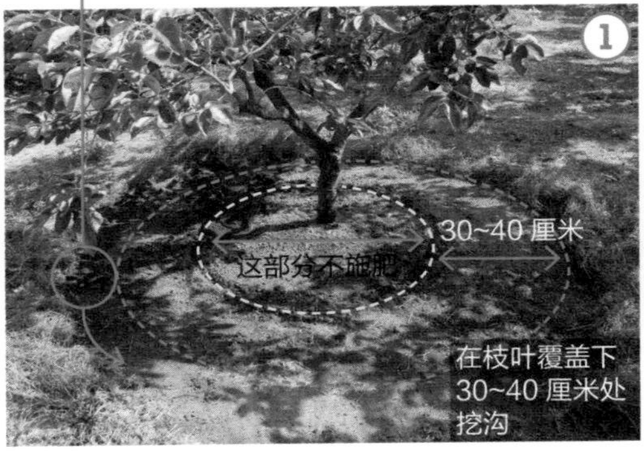

在整个沟内分散撒上肥料。图中所示为追肥的情形。基肥、礼肥的施用方式与此相同。

盆栽时的施肥

玉肥的施用方式

玉肥的数量 = 盆的号数 ÷2

所谓的玉肥是指把油渣或骨粉制成固体而形成的肥料。盆栽时用这种玉肥做基肥或追肥，从盆边压进去即可。

化肥的供应方式 粒状类型的撒在土壤里面，液体类型的用水稀释后浇灌。

粒状类型

以盆栽蓝莓为例，10 号盆供应 15 克，6 号盆供应 8 克。

在距离支柱基部稍远的地方撒施。

液体类型

依照使用说明稀释，配制盆容量一半的量。

4~5 月中旬，10 天浇灌 1 次；6 月，每 5 天浇灌 1 次。

水分管理

庭院栽培的话，即使长时间不下雨，一般也没有必要浇水，除非土壤特别干旱。但是盛夏最好每天浇水 2 次——上午 10 点前和下午 3 点各浇 1 次。

盆栽时，在春季和秋季 1~2 天浇水 1 次，夏天每天浇水 1 次，盛夏与庭院栽培时相同，每天浇水 2 次。冬季则在土壤干燥时浇水。一次的浇水量是盆容量的 1/3。在室内进行盆栽时，水分管理有必要下点功夫，每次应浇同量的水。

庭院栽培的水分管理

有枝叶覆盖的下方
不要灌满水

不要把水直接洒到叶或花上。

盆栽的水分管理

浇水量是盆容量
的 1/3 为好

室内的话，可在浇水相同时间上下功夫，尽量使每次的浇水量相同。

自制有机肥

所谓的自制有机肥，是指用牛粪、油渣等有机质肥料发酵，形成效果稳定的肥料。与常用的有机质肥料相比，自制有机肥供应给果树的负担减轻了，是理想的肥料。自制有机肥一般作为基肥、追肥使用。如果是追肥，要在使用化肥的 1 周前供应。

自制有机肥的制作方式

材料

（各种材料的分量根据容器的大小确定）

- 底部开孔的容器 •油渣
- 骨粉 •鱼粉 • 牛粪
- 米糠（或是市场上卖的发酵促进剂）
- 水

因为发酵会释放出气体，所以
要在容器底部开好通气孔

① 将油渣 100 克、骨粉 100 克、鱼粉 100 克、牛粪 100 克、发酵促进剂 100 克，依次倒入容器内并搅匀。

2
表面用水洒湿。

3
重复❶～❷的操作，将整个容器内的材料翻遍。
分层翻遍

④ 用报纸包住容器，放在阴凉处保存，每周翻混 1 次。干了就洒水，1 个月左右完成（米糠的话要 2 个月）。

整枝修剪的要点

修剪就是剪掉枝条，整枝就是整理树形。因为整枝修剪是决定果树结果最重要的操作，所以请充分理解操作目的。

整枝修剪的必要性

果树放任生长后，养分会被枝叶利用，结果性变差。并且，树体会增高，管理难度加大。因此，为了抑制树高、促进结果，整枝修剪显得尤为重要。修剪分为冬季修剪和夏季修剪。

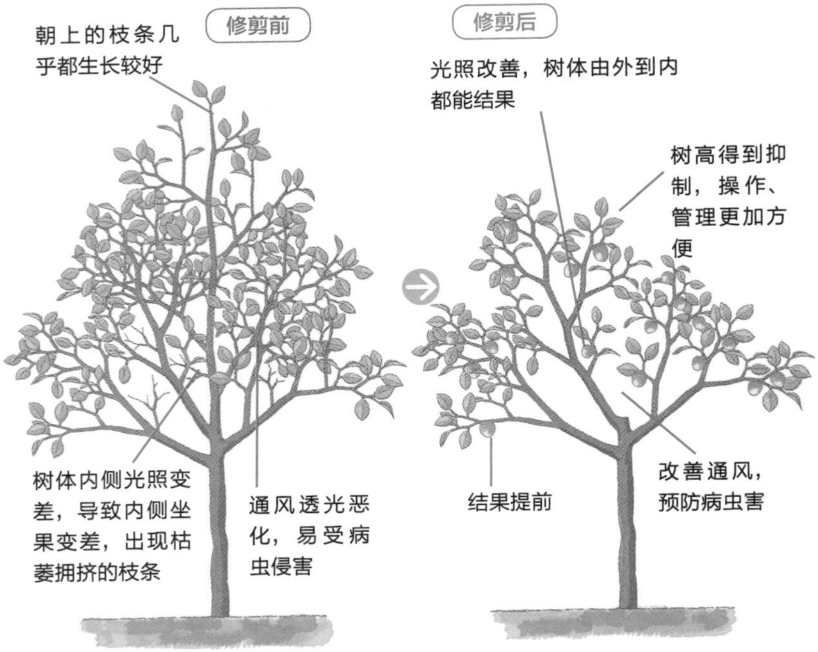
修剪前
朝上的枝条几乎都生长较好
树体内侧光照变差，导致内侧坐果变差，出现枯萎拥挤的枝条
通风透光恶化，易受病虫侵害
修剪后
光照改善，树体由外到内都能结果
树高得到抑制，操作、管理更加方便
结果提前
改善通风，预防病虫害

树体放任生长后，枝条不断生长，达到一定高度后就难于开花结果了。

通过修剪抑制树势，可以提早结果，降低树高，便于操作。

冬季的樱桃

冬季时期的修剪

落叶果树在树体处于休眠期的11月～来年3月进行，常绿果树在3月进行。目的是去掉无用枝条，整理树形，促进结果的枝条生长。

修剪前

树势强，树体朝上生长。

修剪后

整理朝上生长的枝条或内向枝等无用枝，在枝条顶端短截，形成利于坐果的树形。

夏季的樱桃

夏季时期的修剪

部分在6月左右进行。修剪新梢与密挤枝条，目的是改善通风透光。

修剪前

树体上部或下部的枝条生长强旺，产生拥挤。

修剪后

剪掉植株基部或树体内部的枝条，改善通风透光。

培养树体骨架的修剪（幼树）

栽植第 1~2 年的幼树，选择主枝或次主枝作为骨干培养的枝条，并通过修剪，平衡配置符合最终树形的枝条。主枝的选择方法是骨架培养的重点。

幼树的修剪

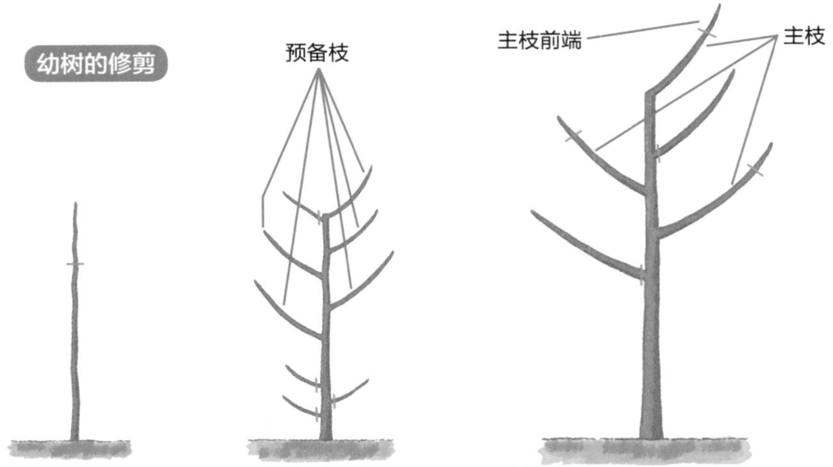

第 1 年的冬季
为了从苗木上抽生枝条培养主枝，在枝条顶端短截 1/3。

第 2~3 年的冬季
选留 3~5 根作为主枝培养的枝条，其余的疏除。

第 4 年的冬季
主枝确定后，除此之外的枝条从基部疏除。主枝选留 3 根、4 根都可以。在选留的主枝顶端短截。

主枝的选择方法

选择主枝时，按照延伸方向、间距、长度与角度、粗度的顺序，对枝条进行评价。

最重要的是延伸方向，应选择向树体四周均衡延伸的枝条。同样条件的枝条，可以作为候补的次主枝来定。

❶ 延伸方向：选择向四周均衡延伸的枝条。

❷ 间距：按照枝条间规定的间距选择枝条。

❸ 长度与角度：选择有一定长度、生长势好、与主干夹角大的枝条。

❹ 粗度：选择粗度达到主干一半的枝条。

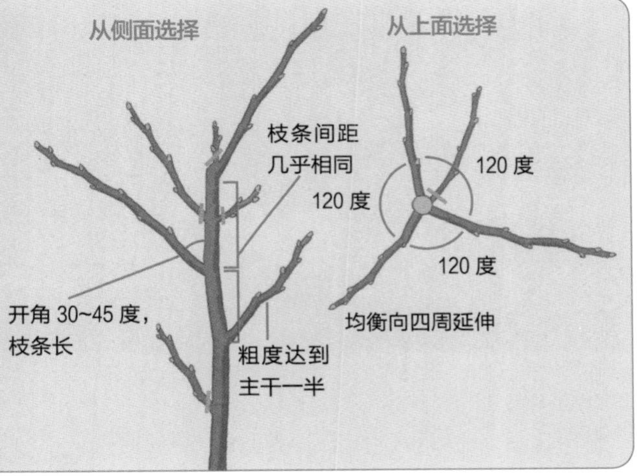

树体结构与枝条类型

主干
树干。从地面向上直到主枝的分叉点。要是短的话，就会抑制树高。

主枝
从主干抽生、构成树体骨架的枝条。1株树着生3~4根平衡配置的枝条是最理想的。通过主枝的配置，可以培养各种树形。主枝也是树形培养完成后，不进行修剪的枝条。

次主枝
从主枝上抽生，仅次于主枝构成骨架的枝条。各主枝平衡配置3~4根。次主枝在树形培养完成后，也不进行修剪。

侧枝
从主枝或次主枝上抽生的细小的枝条。因为需使其抽生结果枝或结果母枝，所以配置不能过多。

结果枝、结果母枝
结果的枝条。根据长度的不同，可分为长果枝、中果枝、短果枝。

发育枝（徒长枝）
只有叶芽，不能开花结果的枝条。

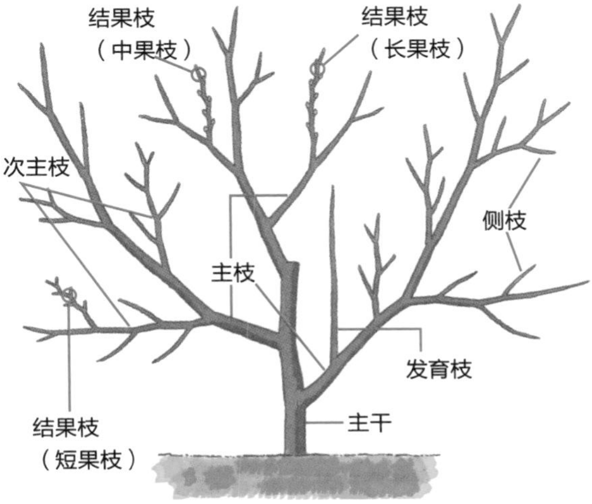

结果树的修剪（成龄树）

待开花结果时，修剪的目的就要转移到结果上。

对于结果树而言，由于结果的枝条养分回流，要疏除阻碍其他枝条生长发育的无用枝，短截留下来的枝条顶端。

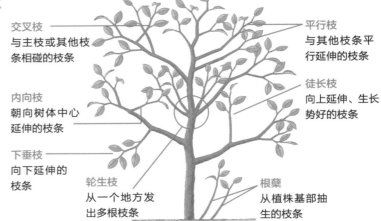

无用枝举例

朝向树体中心延伸，阻碍周围枝条的光照与生长，需从基部疏除。

阻碍其他枝条的生长，需从基部疏除。

难以结果，并且争夺其他枝条的养分，需从基部疏除。

从植株基部抽生，导致树体紊乱，需从近地面处疏除。

从同一部位抽生的多根枝条，把朝向内侧的枝条或中心强的枝条疏除。

枝条顶端短截举例

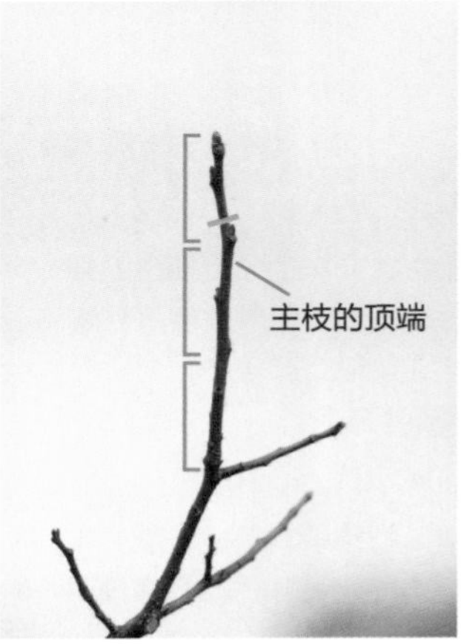

在主枝顶端，主枝向树体外侧延伸且朝外的芽上方的枝条1/3处短截。

对修剪留下的新梢，在其顶端1/3处短截，使其抽生花芽或着生花芽的枝条。

花芽的着生方式

果树的芽分为开花结果的花芽和抽枝展叶的叶芽。花芽分为只开花结果的纯花芽、从芽体抽枝展叶并开花结果的混合花芽两类。

花芽的种类或着生位置因果树而异。请了解每种果树的花芽着生方式，不要因为胡乱修剪而把花芽剪掉。

着生纯花芽的类型

枝条顶端及其下部着生 3~4 个花芽的类型

➡枇杷、蓝莓等

不要重短截顶端

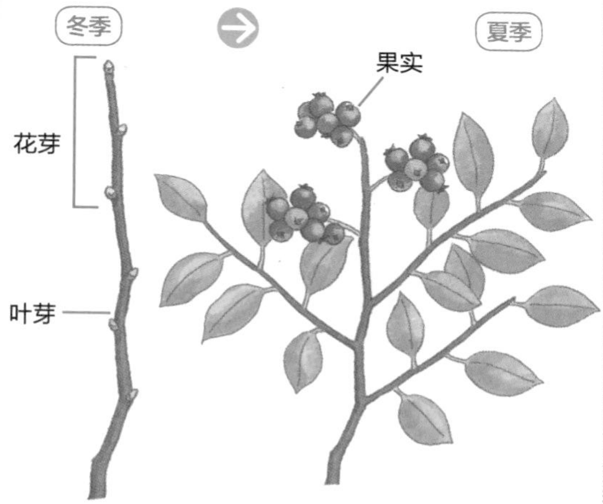

从枝条顶端到中部都着生花芽的类型

➡桃、李子、樱桃、梅、杏、毛樱桃等

在顶端短截一部分也能结果

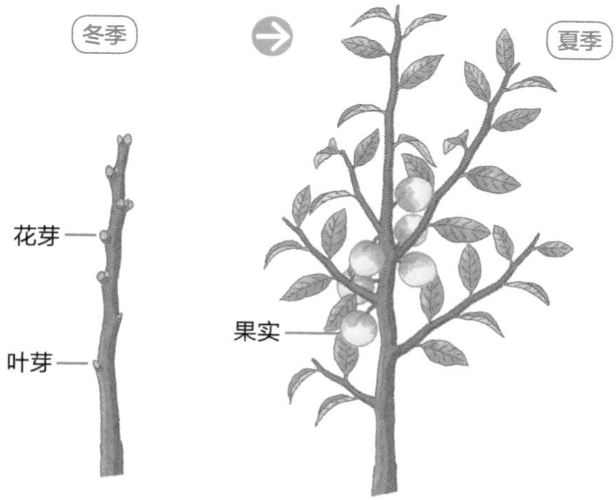

混合花芽着生的类型

枝条顶端及其下部着生 2~3 个花芽的类型

➡柿子、板栗、柑橘类等

不要在顶端重短截

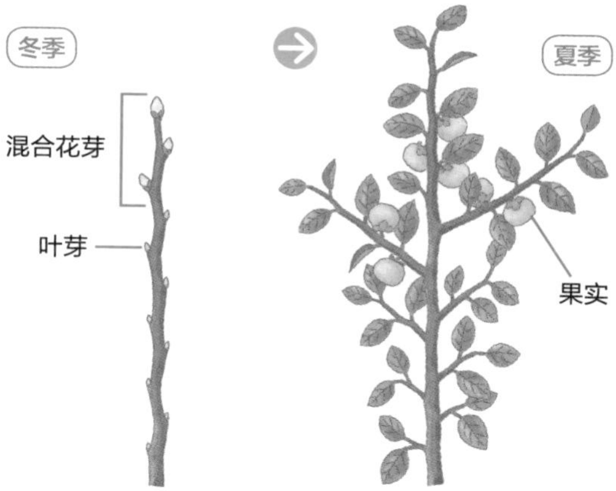

枝条顶端着生花芽的类型

➡苹果、梨、花梨等

不要短截顶端或着生花芽的短果枝

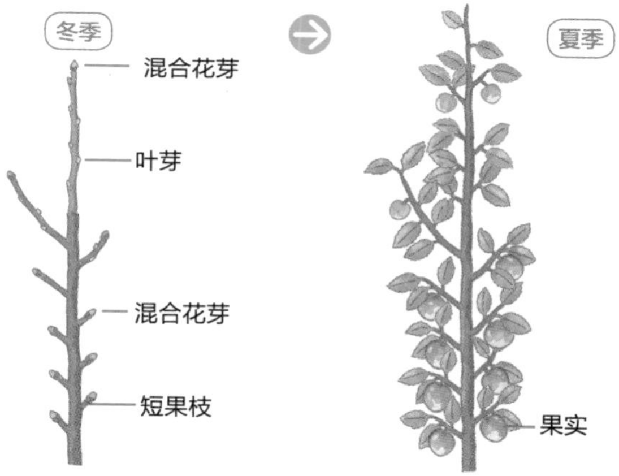

枝条中间着生花芽的类型

➡猕猴桃、葡萄、无花果、野木瓜、醋栗等

在顶端短截一部分也能结果

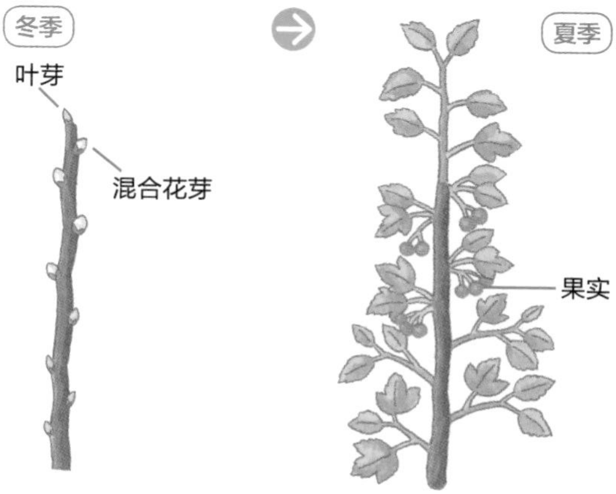

枝条的修剪方法

疏除修剪

疏除修剪是指将无用的枝条从基部彻底剪掉的修剪方式。留下的其他枝条光照得到改善，也有利于花芽发育与结果。

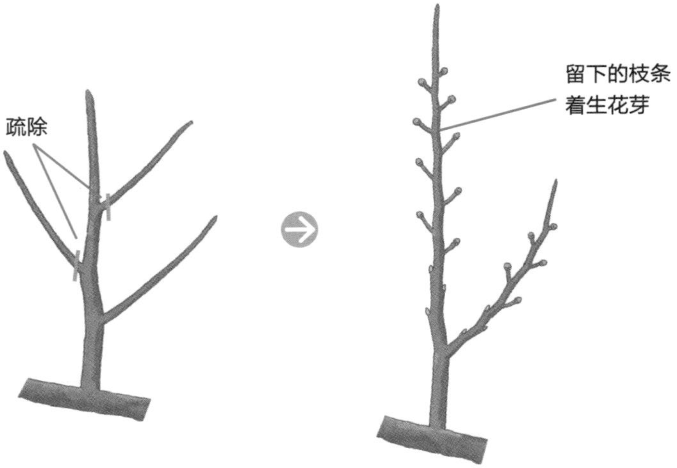
疏除
留下的枝条
着生花芽

枝的留法

从基部彻
底去掉。
留桩过长形成
死枝。
切口不平整，
损 伤 树 皮，
造成死枝。

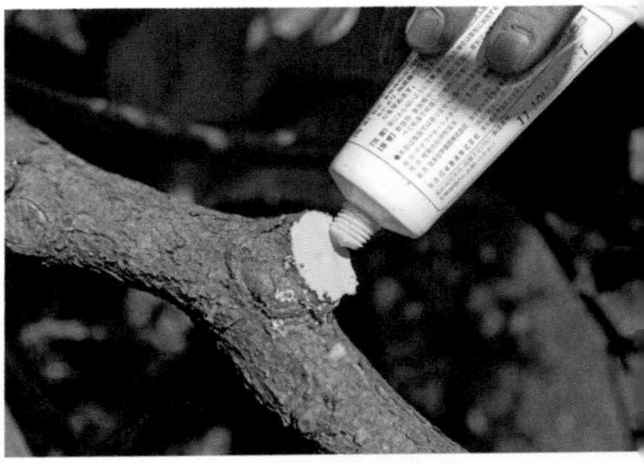

疏除粗枝时，在切口涂抹起保护作用的愈合剂。

短截修剪

短截修剪是指将长的枝条在中间剪断，促进其抽生新的枝条，以利于着生花芽的修剪方式。此方式不能应用于前一年生长的枝条。修剪时紧靠外芽的上方短截。葡萄等枝条柔软的类型，应在芽与芽中间剪切。

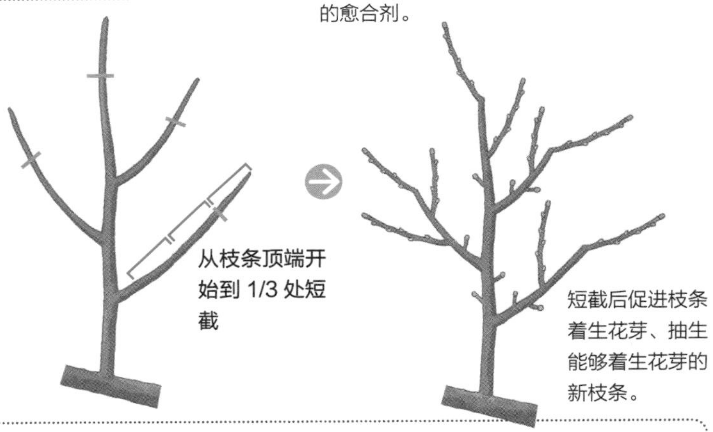
从枝条顶端开
始到 1/3 处短
截
短截后促进枝条
着生花芽、抽生
能够着生花芽的
新枝条。

芽的留法

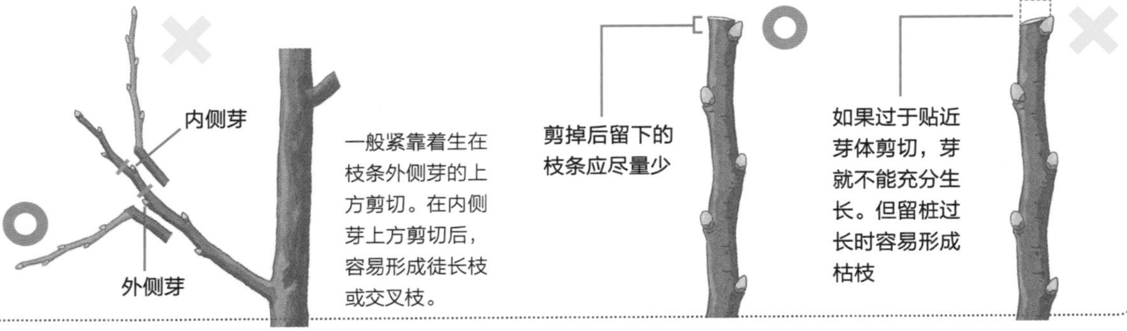
内侧芽
外侧芽
一般紧靠着生在
枝条外侧芽的上
方剪切。在内侧
芽上方剪切后，
容易形成徒长枝
或交叉枝。
剪掉后留下的
枝条应尽量少
如果过于贴近
芽体剪切，芽
就不能充分生
长。但留桩过
长时容易形成
枯枝

修剪的强弱

修剪因枝条的长势不同，短截长度有所变化。长势弱的枝条，短截去掉的枝条长些，以使其抽生长势好的枝条，进行的是强修剪。

相反，长势好的枝条，短截去掉的枝条短些，以缓和长势，使其多抽生花芽或着生花芽的枝条，进行的是弱修剪。

长势弱的、结果变差的枝条，短截去掉的枝条长些。

新梢强旺生长，难以着生花芽。

长势强的枝条，短截去掉的枝条短些。

抽生弱的新梢，着生好的花芽。

修剪工具的使用方法

修枝剪和锯

修枝剪是在留芽一侧切入剪刃（上面的刃），用受力刃（下面的小刃）固定枝条剪切的工具。由受力刃切入剪刃，会压碎枝条组织，形成死枝。

用锯时，由枝条上下两面切入锯掉。因枝条自身重量易导致枝条撕裂，所以不要从上面一次性锯掉。

使用后，应先用湿布擦去树液，再用干布擦拭，无论如何不能让锯条生锈。

用受力刃固定枝条剪切。对于难剪的枝条，也可以改变握剪方式。

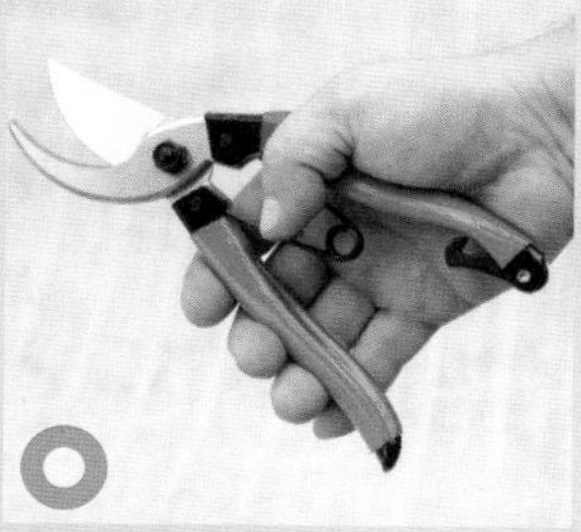

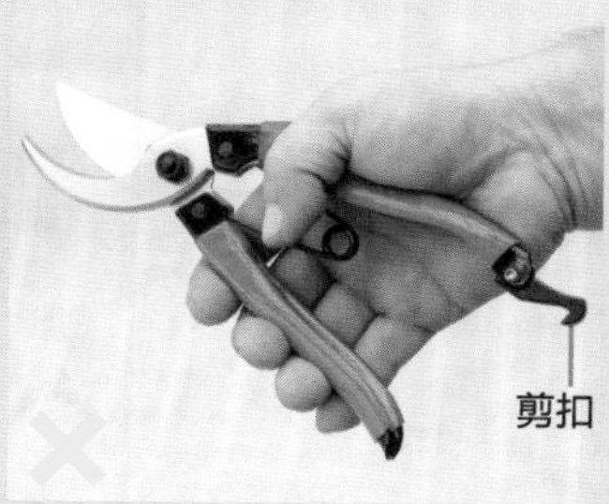

剪扣紧跟握柄时，一定要收起剪扣再用。

在上下两面切入锯掉。

梯凳

梯凳用错的话，会导致人摔下来，比较危险。

使用时，要将其安放在踩实的坚固地面上，不要立在斜面上。注意不踩顶板，也不要跨顶板。

错误的用法：踩着顶板非常危险。

正确的用法：踩着踏板（放脚的部分）进行操作。

树形分类

果树有结果良好、易操作、各种特性的树形。了解各种树形的特点后，你就会乐于培养树形了。

庭院栽培结果良好的树形

主干形、变则主干形的培养

主干形是由从主干抽生的枝条培养成的圆锥形树形。变则主干形是在主干达到 2~3 米高时剪掉、控制树高的树形。

主干高 60~90 厘米

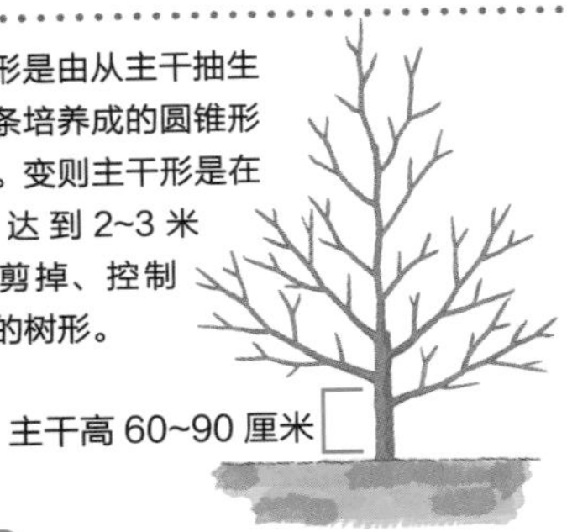

（特点）
接近自然树形。生长发育好，结果多。但树体长大后，容易出现枝条混乱、内部光照恶化。

（果树）
苹果、桃、油桃、樱桃、柿子、梨、梅、杏、石榴、毛樱桃、板栗、巴婆、费约果、花梨、榅桲、橄榄、唐棣等。

自然开心形的培养

主干短，配有 2~4 根主枝的树形。

（特点）
可以在狭小的地方栽培，容易形成花芽，果实发育良好。

从较低的地方抽生主枝进行培养

（果树）
桃、油桃、李子、樱桃、柿子、梅、杏、无花果、枇杷、板栗、费约果、花梨、榅桲、橄榄、柑橘类等。

半圆形的培养

绑缚主枝，抑制树势。

将 2 根主枝拉向左右两侧，从主枝上抽生结果枝的树形。

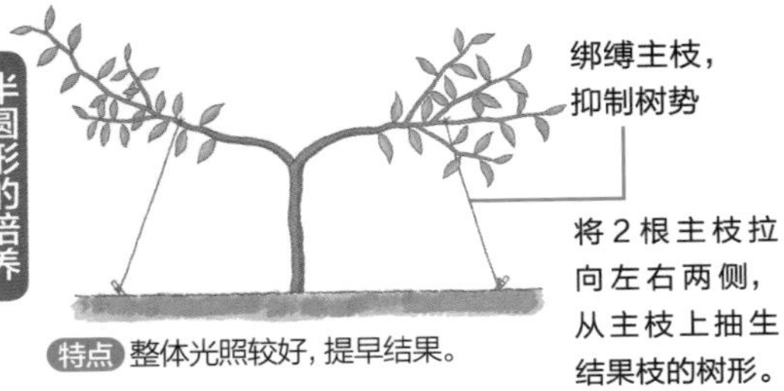

（特点）整体光照较好，提早结果。

（果树）桃、油桃、李子、樱桃、柿子、梅、杏、枇杷、花梨、榅桲、柑橘类等。

U 字形的培养

主枝间距 30~40 厘米

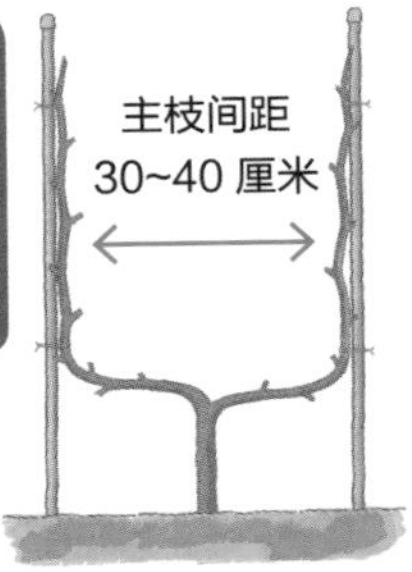

将 2 根主枝拉成 U 字形的树形。主枝是 4 根、8 根的也可以培养。

（特点）
光照良好，容易结果，便于操作。

（果树）
苹果、梨、榅桲等。

篱壁形的培养

把主枝向左右引缚，整理成风扇状的树形。根据主枝的配备、果树的特性，有多种培养方式。

将主枝整理成篱壁形

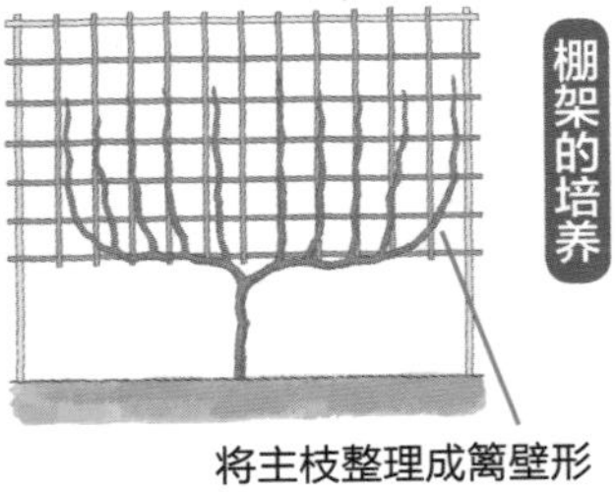

（特点）也可以用金属网或平面花架培养。增加树的数量也能培养成篱壁形。小型树形容易操作。

（果树）猕猴桃、葡萄、樱桃、无花果、木通、那藤、树莓、黑莓、蔓越莓、醋栗、穗醋栗等。

棚架的培养

将主枝引缚到平棚上的树形。将苗木栽植在棚的一端，培养成大背头形状；或将苗木栽植在中间，培养成一字形等。

大背头形状的培养

长宽由栽培空间决定

高最好在 2 米左右

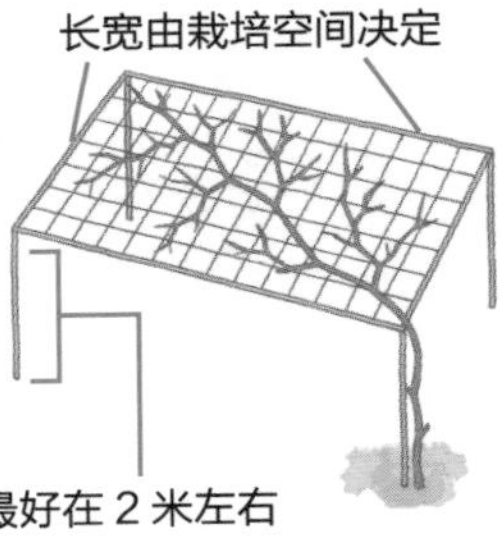

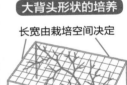

（特点）
根据使用面积改变棚的大小。成形后，容易修剪，通风透光性好。

（果树）
苹果、猕猴桃、葡萄、李子、梨、木通、那藤等。

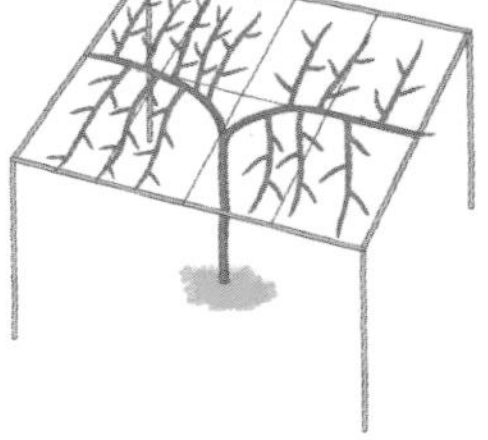

杯形的培养

将 2~3 根主枝拉开，形成杯子的形状，由各主枝或次主枝抽生 3~4 根结果枝的树形。

（特点）
从外围到树冠内部，光照条件都好，容易修剪。

（果树）
苹果、桃、油桃、梅、杏、无花果、枇杷等。

一字形的培养

棒形的培养

主枝缠绕在支柱上的树形。

特点
即使在狭窄的空间也能栽培。主要针对蔓性果树，盆栽也可以。

果树
猕猴桃、葡萄、木通、黑莓等。

丛生形的培养

从植株基部抽生5~10根主枝的树形。

特点
近似自然树形。经过3~5年，通过修剪对全株进行更新。

果树
巴婆、蓝莓、树莓、黑莓、唐棣、蔓越莓、醋栗、穗醋栗等。

每年更新
老枝

盆栽的代表树形

模样木形的培养

苗木斜栽，每年在与上一年反向生长的芽上方短截作为主干。主干就是盆栽的树形。
能结果的枝条
左右交错配置

果树
苹果、桃、梨、李子、樱桃、柿子、梅、杏、无花果、石榴、枇杷、毛樱桃、巴婆、费约果、花梨、榅桲、蓝莓、柑橘类等。

特点
主干弯曲或平衡配备的枝条等树形非常漂亮。

直干形的培养

在直立生长的主干顶部做成小型树冠的树形。

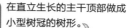

大约1米
疏除下
部枝条

特点
树形个性化，具有观赏性。

果树
苹果、李子、梅、杏、枇杷、毛樱桃、蓝莓、金橘、香橙等。

篱壁形的培养

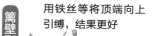

盆上立支柱，枝条水平引缚的树形。

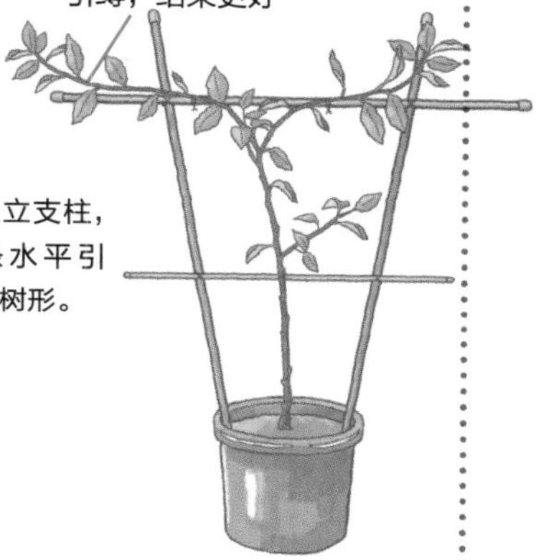
用铁丝等将顶端向上
引缚，结果更好

果树
苹果、猕猴桃、葡萄、木通、树莓、黑莓等。

特点
便于修剪等操作，结果好。

扫帚形的培养

像倒立的扫帚一样的树形。

主干高
50厘米
左右

特点
近似自然树形，主要针对细小枝条抽生量大的种类。

果树
石榴、金橘等。

丛生形的培养

针对能从植株基部抽生大量枝条的种类，自然树形。

疏除老枝、弱
枝，更新植株

特点
从植株基部抽生大量的枝条，每年去掉老枝，用新枝更新。

果树
石榴、蓝莓、树莓、黑莓、蔓越莓、醋栗、穗醋栗等。

灯笼形的培养

引缚到支柱上，形成灯笼树形。

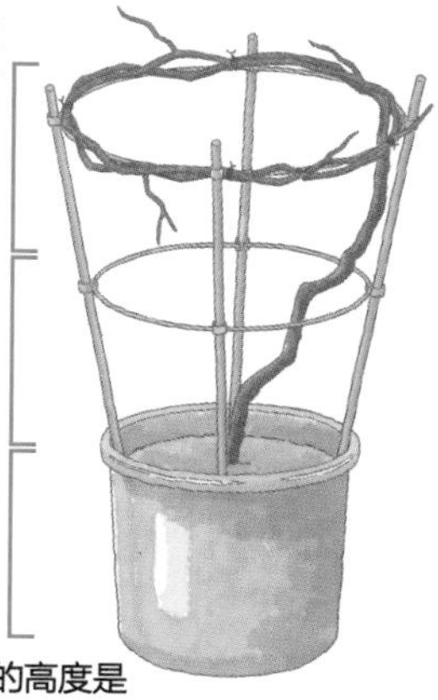
灯笼形的高度是
盆高的2~3倍

特点
树形不进行扩展，便于修剪。主要针对蔓性的果树。

果树
葡萄、木通、那藤、树莓等。

病虫害防控要点

为了控制农药的使用，经常观察树体情况，及早发现病虫为害非常重要。掌握病虫害的种类、发生时期，尽早采取应对策略。

害虫

主要分为为害叶片的虫子、为害枝干的虫子和为害果实的虫子。害虫比较容易辨认，一旦发现，就一定要除掉它。

	害虫名称	需要防范的果树	发生时期	症状	应对策略
为害叶片	蚜虫类	大部分果树	4~6月	在叶片和枝条上大量发生，吸取树液，阻碍叶片和嫩枝的发育，也会导致煤污病发生	用刷子刷掉，或用水冲掉。受害严重时，摘除受害部分
	刺蛾类	梅、柿子、蓝莓等	8~10月	幼虫隐藏在叶背，啃食叶片	因为幼虫有毒，所以不要徒手接触，直接去掉有虫的枝条。冬季结茧，白色椭圆形的球体上有黑条纹，见了就摘除
	毛虫、青虫类	大部分果树	8~9月	啃食叶片。种类繁多，柑橘类果树上是蝶类，苹果等果树上是美国白蛾等	见了就清除。注意有的有毒
	叶螨类	柑橘类、苹果、梨等	7~9月	附着在叶背，吸取树液。受害的叶片发白脱落。为害果实后，果实表面失去光泽	用强力水压冲掉。因为不容易发现，所以要留心观察叶背
	卷叶虫类	梨、苹果、樱桃、蓝莓等	4~7月	卷叶蛾的幼虫，将叶尖反卷藏于其中。也为害芽、花蕾、果实	通过套袋预防，发现了立即捕杀
	潜叶蛾类	柑橘类、桃、苹果等	5~9月	叶片受害后变为白色	受害后，找虫捕杀
	舟形毛虫	梨、苹果、樱桃、梅等	9~10月	为害叶片。以枝条为单位取食叶片	因为群集为害，所以要去掉有幼虫的枝条或叶片
为害枝干	介壳虫类	大部分果树	4~5月	一整年都有发生，春季危害最重。除了吸食树液，还会引起煤污病	用刷子刷掉
	天牛类	无花果、柑橘类、枇杷、葡萄等	7~8月	幼虫在枝、干内部取食，甚至导致树体枯死。在树干上产卵，也会为害果实	因为为害部位有幼虫，所以要找出来捕杀
	蝙蝠蛾	猕猴桃、葡萄、黑莓、树莓等	6~7月	幼虫在枝、干内部取食，导致树体枯死	在为害部位有粪便残留，因此用铁丝等插入粪便周围的孔内刺杀。清除虫害发生地周围的杂草
	小透翅蛾	桃、梅、樱桃、葡萄等	5~6月	幼虫啃食枝、干，导致树势衰弱	顺着粪便或树液，找到受害部位，人工捕杀
为害果实	柿蒂虫	柿子	6~9月	受害的果实脱落	冬季刮粗皮，让幼虫无法越冬。用稻草诱集幼虫，然后将稻草烧掉
	椿象	柿子、梨、桃、苹果等	7月下旬~9月	吸食果实汁液，造成落果	套袋，见了就捕杀
	长蠹虫类	梅、梨、桃、苹果等，大部分果树	6~9月	将果实开孔，在内部取食	套袋

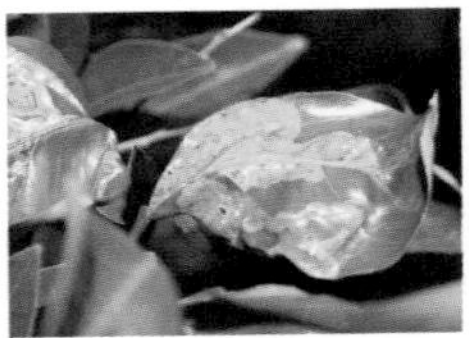
潜叶蛾为害后。

叶螨大量发生的状态。

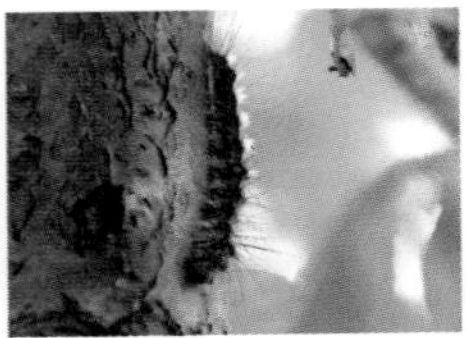
皮肤接触毛虫后会发痒，一定要注意。

蚜虫大量发生后的枝条。

柿蒂虫为害，受害果实脱落。

天牛，在干上产卵，幼虫在内部取食。

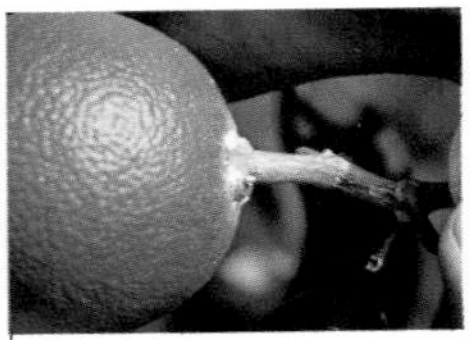
粉蚧，果实上也有。

取食叶片的苹掌舟蛾幼虫。

病害

果树染病的主要原因有霉菌、细菌、病毒3类。在高温高湿的环境中，霉菌引起的病最多。细菌是从土壤中或空气中感染的，会导致树体衰弱。摘除霉菌或细菌侵染的部位，可防止传染到其他部位。但是病毒引起的病害，只能挖树，重要的是要事先清除病毒的媒介——蚜虫类。

	病害名称	需要防范的果树	发生时期	症状	应对策略
霉菌性病害	赤星病	梨、苹果等	4~6月	叶片出现凸起状病斑，最终落叶	附近不要栽植松柏类病源树
	白粉病	葡萄、苹果、柿子、梨、桃、木通、那藤等	梅雨时期	梅雨时期气温升高时发生。叶片生霉，像涂了白粉一样	通过修剪改善通风透光条件，控制氮肥的使用
	疫病	无花果、苹果等	5~6月	叶片上出现灰绿色的斑点，随后变成暗褐色。温度升高后，斑点进一步扩展，形成白色的霉层，导致叶片干枯	严格进行水分管理，遇雨做好排水工作。摘除发病部位
	溃疡病	柑橘类、猕猴桃等	5月	叶片或果实表面变得粗糙	因为霉菌孢子易受强风传播，所以在避开强风的地方栽培。摘除发病部位并烧毁
	褐斑病	葡萄、苹果、梨等	6月上旬	叶片出现黑褐色圆形斑点，最终干枯	摘除发病部位
	黑星病	梅、杏、梨、桃等	5月至梅雨时期	梅雨时期气温低时发生。叶、枝、果上出现黑色斑点，叶片最终枯萎	通过修剪改善通风透光条件，控制氮肥使用
	黑点病	柑橘类	梅雨时期	叶、枝、果实上产生黑色斑点	摘除发病部位
	黑痘病	葡萄	5~7月	叶、枝、果实上产生黑色斑点	通过修剪改善通风条件，摘除发病枝条或卷须
	煤污病	柑橘类等常绿果树	整年发生	介壳虫等害虫的粪便滋生杂菌。叶片或枝条像涂了煤一样黑	清除蚜虫或介壳虫
细菌性病害	炭疽病	柿子、无花果、梅等	5~10月	枝条或果实上呈现黑色圆形病斑	摘除发病部位
	缩叶病	梅、桃等	4~5月	春季持续低温，叶片皱缩。皱缩后，叶片腐烂脱落	摘除发病部位，直到叶片展开前喷布药剂预防
	灰星病	猕猴桃、杏、李子、樱桃、桃、苹果等	开花期至采收期	多雨时发病。开花期发病后，花枯萎；采收期发病后，果实出现斑点，脱落	套袋，摘除发病果实
	霜霉病	葡萄	梅雨时期和秋雨时期	叶片背面产生白色霉层，果实染病后脱落	通过修剪改善通风透光条件。在植株基部覆盖稻草等，防止雨水把细菌从土中溅出来。立刻摘除发病部位
	落叶病	柿子、苹果等	5~9月	叶片出现褐色病斑并脱落	收集落叶并烧毁
病毒性病害	萎缩病	柑橘类、梨	整年发生	不会产生特殊病斑，但是树体变小	清除形成病源的蚜虫类。将发病的树挖出并烧毁
	花叶病	柑橘类、梨、葡萄、桃、苹果等	整年发生	花瓣或叶片出现斑点状病斑，叶片萎缩变黄	清除形成病源的蚜虫类。将发病的树挖出并烧毁

黑痘病，叶片、枝条、果实上出现黑色斑点。

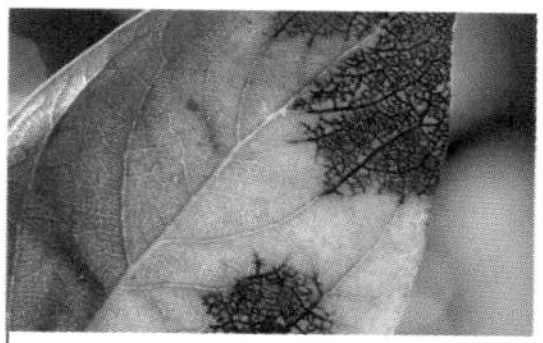
褐斑病，叶片出现黑褐色病斑。

溃疡病，柑橘类经常出现。

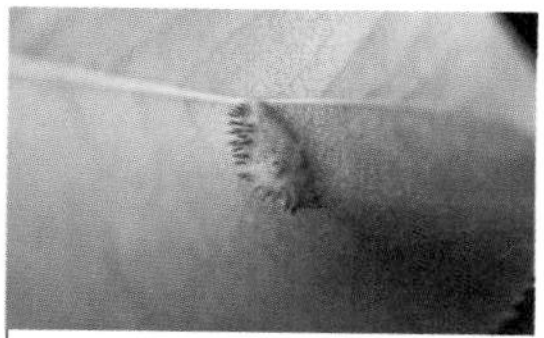
赤星病，凸起的病斑。

落叶病，叶片出现褐色病斑。

灰星病，果实上出现斑点。

缩叶病，皱缩的叶片。

炭疽病，病害侵染，导致枝条折断。柿子多发生。

农药的正确使用

病虫危害严重时，一定要喷布农药。能够每天按照病虫害防治对策使用农药，也是庭院栽培的优势。

喷布时期

农药分为害虫用药和病害用药，每种一般都有喷布时期。在害虫与病害发生初期重点喷布，能减少整年的用药量。开花期与采收期重叠的果树，请不要在该时期喷布。

整年喷布月历

每个时期喷布 2 次
（喷布 1 次后，间隔 1 周再喷布 1 次。）

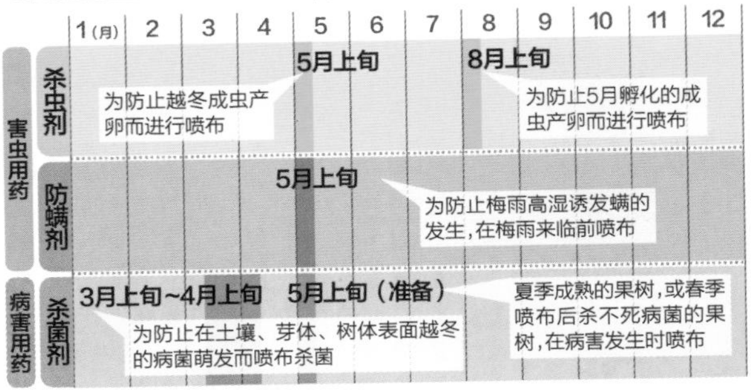

1(月) 2 3 4 5 6 7 8 9 10 11 12
害虫用药
杀虫剂
5月上旬
为防止越冬成虫产卵而进行喷布
8月上旬
为防止5月孵化的成虫产卵而进行喷布
防螨剂
5月上旬
为防止梅雨高湿诱发螨的发生，在梅雨来临前喷布
病害用药
杀菌剂
3月上旬~4月上旬
5月上旬（准备）
为防止在土壤、芽体、树体表面越冬的病菌萌发而喷布杀菌
夏季成熟的果树，或春季喷布后杀不死病菌的果树，在病害发生时喷布

喷布方法

农药与水均匀混合，再加入展着剂，可以更好地附着在果树表面，提高药效。为防止农药飘洒，在无风晴天的整个上午从上风向喷布。着装上应注意，不要露出皮肤和嘴。

盆栽的喷布

① 从盆的上方向叶片的表面喷布，枝、干也要全部喷布。

叶背也要
全部喷布

② 从下面喷布叶背。

庭院栽培的喷布

按照水、展着剂、农药的顺序缓慢添加混匀，再倒入喷雾器。

使用漏斗倒入

①

喷布时的着装

口罩
护目镜
手套
雨衣

既要喷布叶的
表面，也要喷
布叶背

② 站在上风向，全面喷布叶、枝、干。

减药栽培方法

为了减少农药的使用，平时就创造病虫害难以发生的环境非常重要。众所周知，作为无农药的病虫害应对策略有“选择抗病虫的品种”“通过修剪，改善光照与通风条件”“套袋”“去除杂草”等。也有其他几种有效的应对策略。

为了不让天牛上树，在无花果树上涂白涂料。

无农药的病害应对策略

- **通过修剪，去除枯枝**

柑橘类、板栗、葡萄等，通过修剪疏除枯枝，防止感染病害。

- **清理落叶**

将病虫害侵染的落叶埋入土中或烧毁，修剪的枝条要及时清理。

- **栽植后进行土壤处理**

良好的土壤难以成为病虫害的发源地，应定期进行土壤改良。

- **盆不要直接放在地面上**

有可能从盆底的孔感染病原菌。

- **控制氮肥**

氮素肥料过多，树势衰弱，容易发生病害。

- **不要淋雨**

因为梅雨时期的连天雨，容易感染病害。为了避雨，可以把盆移到屋檐下。

无农药的害虫防治策略

- **每天早上摇树**

因为害虫每天早上上树为害，可摇树或用棒打，并捕杀掉落的害虫。群集为害的毛虫，要摘掉枝叶。

- **剥粗皮**

害虫中，也有在树皮下越冬的。苹果、柿子、葡萄等，可以通过剥粗皮的方式来消灭害虫。

- **绑草把**

在树干绑草把等创造害虫越冬场所，收集后烧掉以消灭害虫。

- **使用无害材料**

将烟叶水溶液稀释后喷雾，害虫难以接近。对于介壳虫，用牛奶喷雾也有防治效果。

各种杂草的应对策略

因为杂草是病虫害的滋生地，所以树干周围1米范围内不能生长杂草。虽然有各种应对策略，但是常被推荐的方法是市场上销售的防草布，长期覆盖可以防止杂草生长。应于地温开始上升的5月上旬铺布。

杂草的主要应对策略

- 在杂草生长的夏季，要时常割草、拔草，基本上每2周割1次。
- 铺稻草和沙砾。
- 进行生草栽培。除草后，撒上密生地表的三叶草、鼠茅草、毛叶苕子等植物的种子。

防草布

① 事先去除杂草，在树周围铺设防草布。

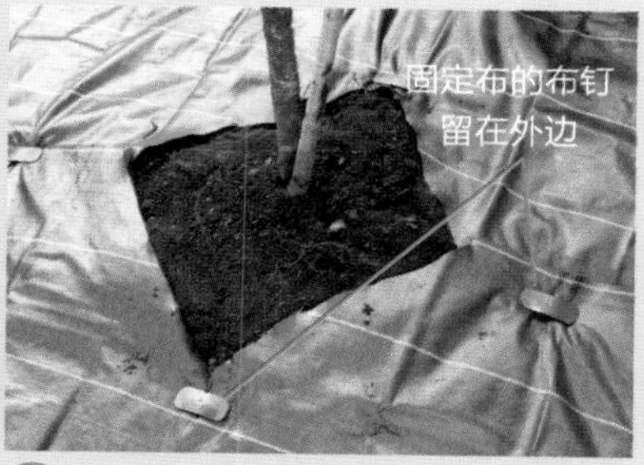

② 为了防止氧气不足，留出树干周围20~30厘米的地方不铺布。

③ 在留出的地方铺上腐叶土。施肥时，揭开布。

生草栽培

以三叶草生草栽培为例：生长到一定时期便枯萎了，枯草也是肥料。

果树繁殖方法有嫁接、插条、压条、分株等。1株树可以结不同品种的果实。

嫁接

嫁接是切取树体的枝条或芽接到其他树上的方法，大致分为接枝条的枝接和接芽的芽接。被接的一方叫砧木，接的一方叫接穗，也叫接芽。

通过嫁接繁殖后，被接的树会成为遗传接穗母本特性的树，保证果实品质。

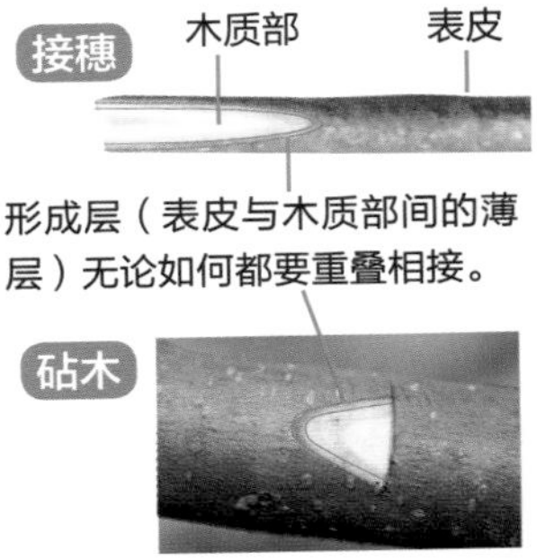

嫁接的要点

树体表皮下有形成层和木质部。嫁接时将接穗和砧木的形成层对齐密接，这是非常重要的。

接穗的制作方法

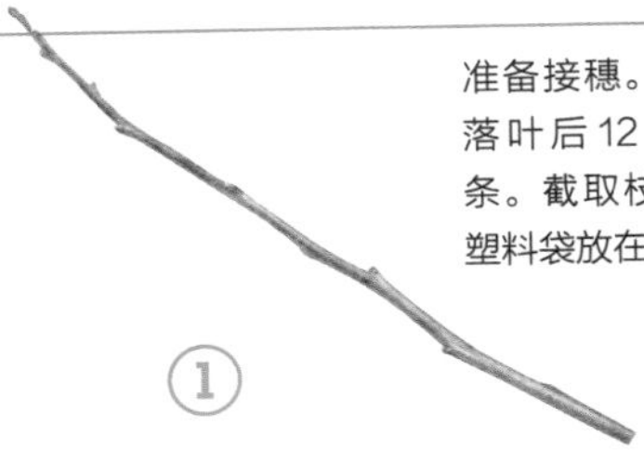

准备接穗。最合适的是落叶后12月左右的枝条。截取枝条后，装进塑料袋放在冷藏库贮藏。

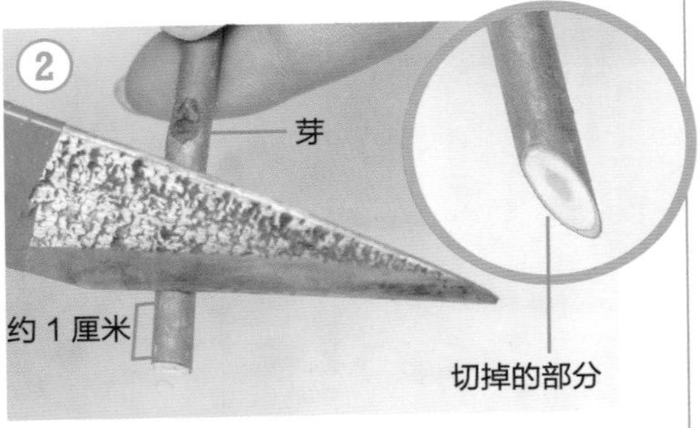

把芽放在上面，在接穗顶端以45度角切掉。

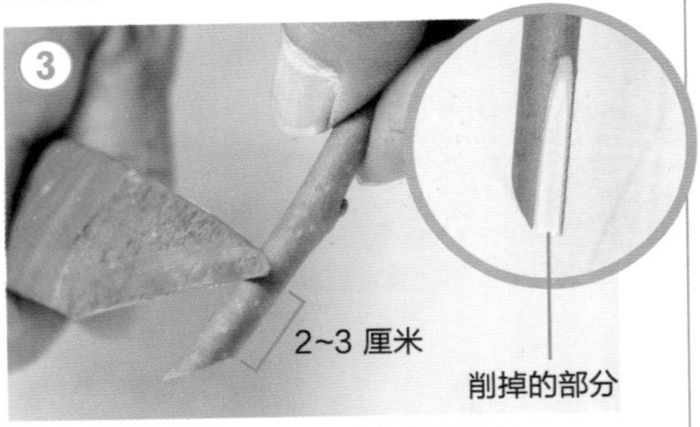

在枝条反面的木质部切入，保证断面平整。

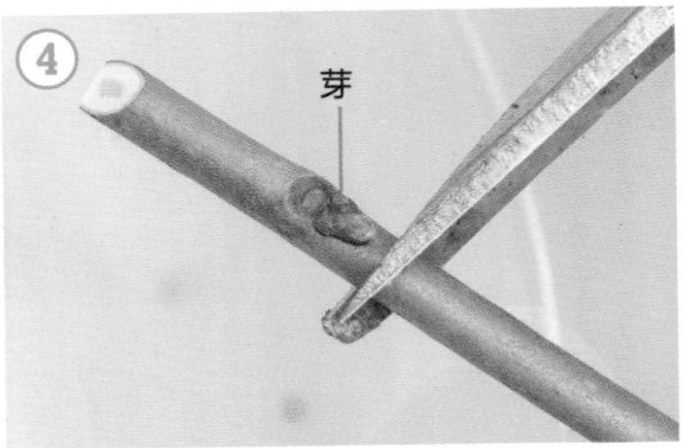

在芽上1厘米处剪掉，接穗就完成了。接穗应泡水。

枝接（腹接）

3月下旬~5月上旬
8月下旬~9月上旬

因为是在枝条的胴部（腹部）接上接穗，所以被称为腹接。这是简单的多品种嫁接，即1株树接多个品种。大部分果树都能进行。

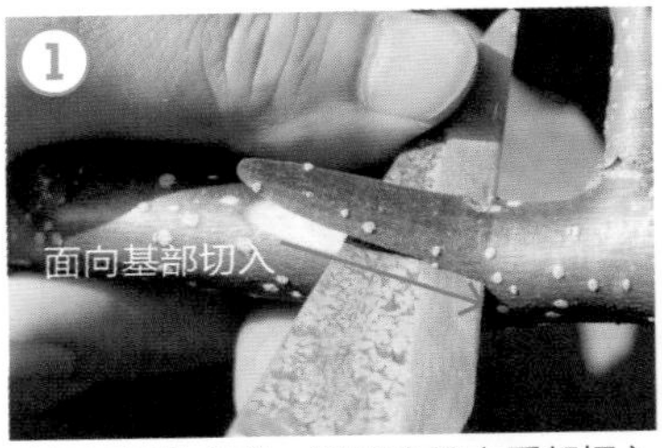

选择平滑的部分，削掉少量木质部切入2厘米左右。

将接穗插入，使砧木的形成层与接穗的形成层相吻合。

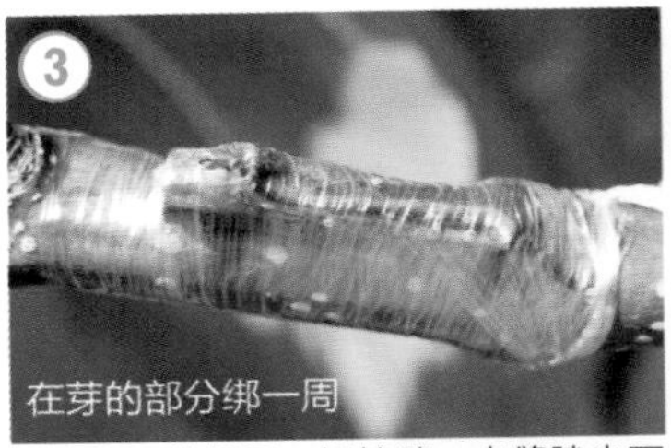

用嫁接用的绳子，把接穗一点缝隙也不留地全部绑住。

枝接（切接）

3 月 ~4 月中旬
9 月中旬 ~10 月中旬

先剪掉砧木，减轻树体负担。对于砧木来说，这是最好的接法，适合大部分果树。

选中砧木，在距离地表 5~7 厘米的地方剪掉枝条。

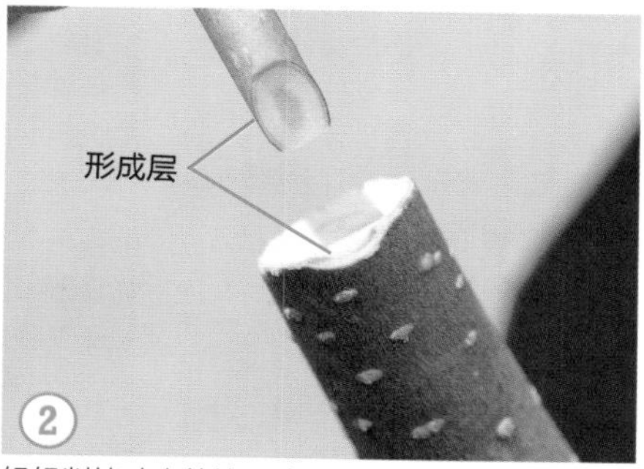

轻轻削掉砧木的边，确认接穗削面的形成层与砧木的形成层相吻合。

对准砧木的少量木质部，垂直向下切入 2 厘米左右。

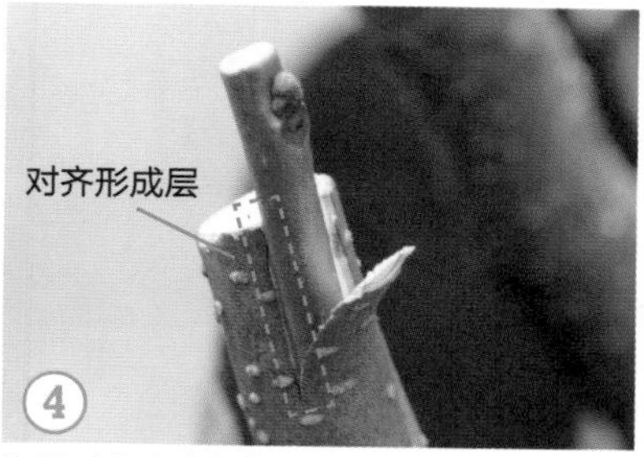

为了对齐砧木与接穗的形成层，可把削掉的一方放在内侧，插入接穗。

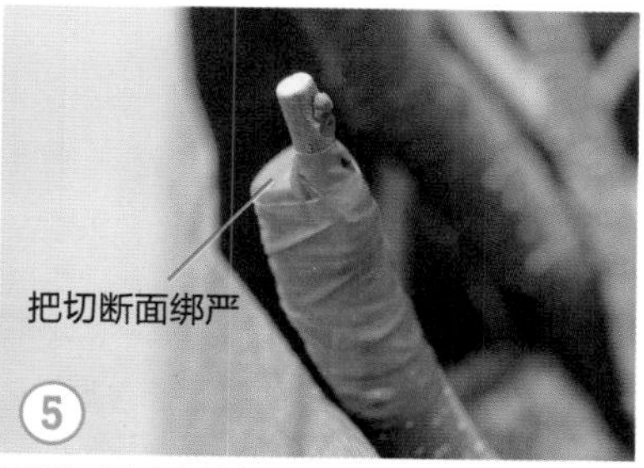

用绳子把砧木的切断面绑严，不要露出来。如果接得好，接穗的芽就能抽生新梢。

芽接

8 月上旬 ~9 月

芽接是切取芽并接在砧木上的方法。接得好，2 周后芽会伸长。如果 1 周后接的部分发黑就失败了。大部分果树都用这种方法繁殖。

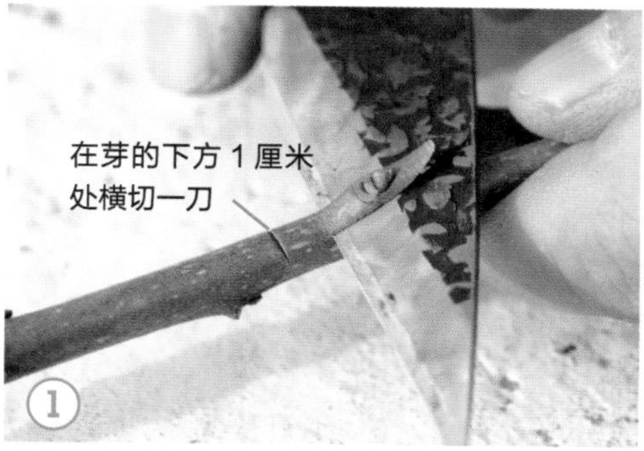

选中上年生长的新梢，在芽上方用刀切入，小心削取带有少量木质部的芽。

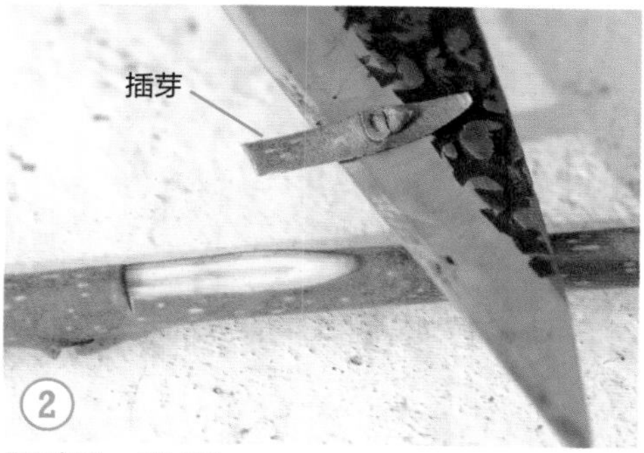

用刀切入，削掉芽。

砧木切入比插芽稍长，砧木与插芽形成层密接时，插上芽。

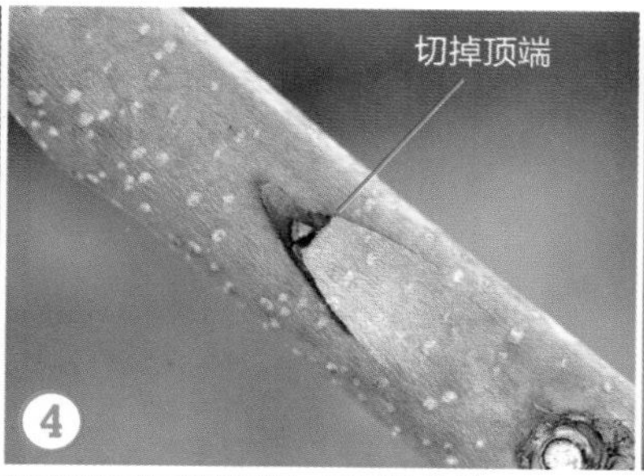

切掉削下的表皮顶端，不要盖住芽。

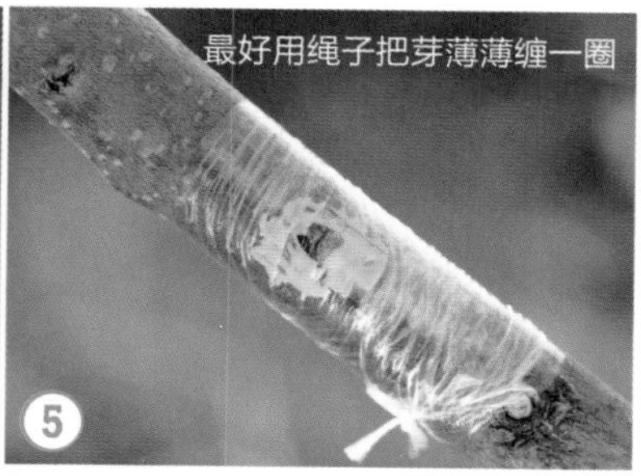

绑绳时应不留缝隙。气温高时，可涂抹愈合剂以防止干燥。

插条

插条是切取母本的枝条、叶、茎、根的一部分（插穗），插入培养土生根的方法。

这种方法可一次大量繁殖与母本特性相同的树。培养土一般用腐叶土。

休眠枝条扦插

4月

用落叶后休眠的枝条作为插条，适合猕猴桃、葡萄、无花果等果树。

蓝莓

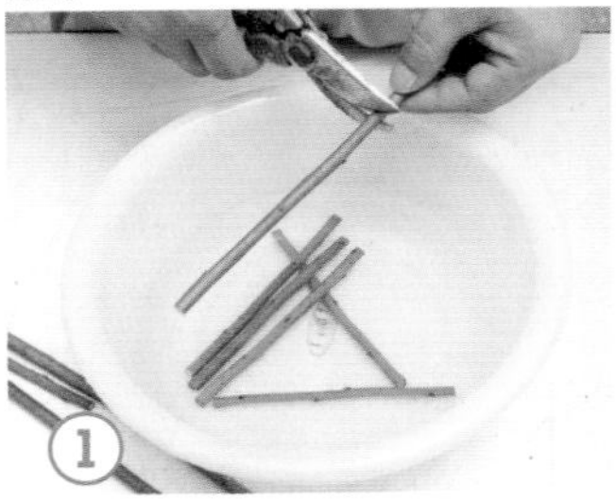

①通过冬季修剪，剪下具有4~5个芽长度的枝条，保管好。

②在接穗的下方斜剪，蘸上生根剂插入土中，等待生根。土干时要供水。

绿枝扦插

6~7月

利用带叶新梢作为插条，适合生根容易的猕猴桃、葡萄、枇杷、无花果、蓝莓等果树。

①在芽的上部剪掉枝条，制作插穗。

②从一根枝条上剪取多个插穗。为了防止剪口干燥，需将其泡在水中。

③为了减少叶片水分蒸发，应剪掉大部分叶片，留1/3左右即可。

④插穗下部应斜剪，插入土中，深达着生叶片的基部。最好在上剪口涂抹愈合剂，在下剪口涂抹生根剂。

⑤罩上有孔的塑料袋。每隔2~3天浇水1次，约半个月生根，来年春季移到盆里。

压条、分株

压条是指利用母本的枝条或干生根。生根后，从母本上剪下，作为苗木。也有利用根的插根法（P149）。分株则是切取根蘖或植株作为苗木。

压条法

4~10月

在早春，将从地面长出的嫩枝压至地面进行培土，使其生根。适合猕猴桃、葡萄、树莓、黑莓等果树。

黑莓的分株法

①从埋入土中的枝条抽生的茎，挖出时不要弄伤根系。

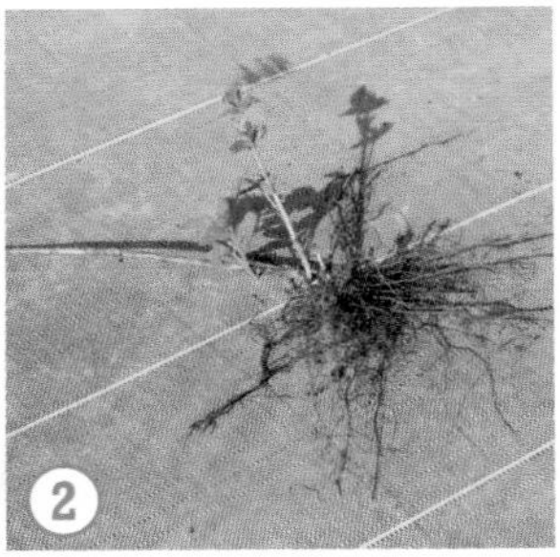

②剪断与母株相连的枝条，将挖出的植株作为苗木。

第2章 家庭栽培的热门果树

了解以家庭栽培为乐趣的热门果树，

和在家庭栽培中最受欢迎的果树。

可根据庭院重点培育的代表树种、培养小型树形使其提早结果等方面选择培育方法。

苹果

◉ 栽培资料

耐寒性 ●●●　**耐热性** ●●●　**耐阴性** ●●●

留果量…………20~30 片叶供应 1 个果

栽培适宜地区…日本东北以北、中部的高冷地区等；温暖地区也可以栽培

授粉树…………必要

童期……………庭院栽培：5~7 年（矮化砧木的苗木 3 年）。盆栽：3 年

◉ 栽培月历

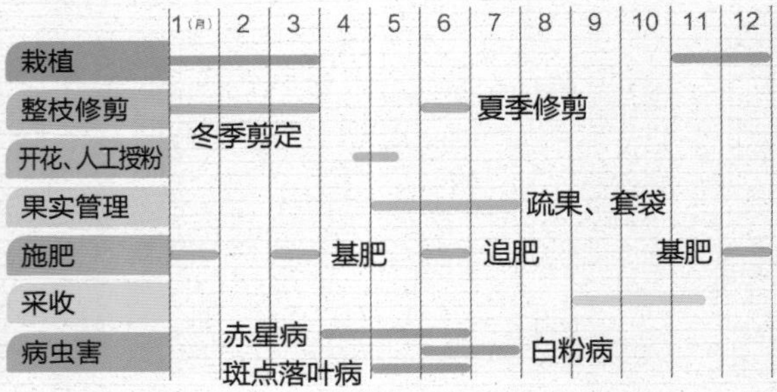

1(月) 2 3 4 5 6 7 8 9 10 11 12
栽植
整枝修剪
冬季剪定
夏季修剪
开花、人工授粉
果实管理
疏果、套袋
施肥
基肥
追肥
基肥
采收
病虫害
赤星病
斑点落叶病
白粉病

品种的选择方法

大多数品种只栽植 1 株树是无法结果的，需要选择 2 种以上开花期与结果树的花期相遇的品种混合栽植。千秋、祝最好与其花期相遇的多个品种混合栽植，也可以用姬苹果、阿尔卑斯乙女为盆栽授粉。陆奥难以使其他品种结果，不适于家庭栽培。

花期相遇的组合

○
- 千秋 × 富士、红玉、王林、祝
- 祝 × 津轻、千秋、富士

花期不相遇的组合

✕
- 陆奥 × 津轻、千秋、红玉、王林、富士、祝
- 富士 × 阿尔卑斯乙女

推荐的品种（特性与栽培要点）	
富士	代表品种。果实个大味甜，也适合温暖地区栽培
津轻	果实个大味甜。对斑点落叶病抗性强，对白粉病抗性弱，也适合温暖地区栽培
红玉	甜酸适口。对斑点落叶病抗性强，对白粉病抗性弱
王林	果实呈黄绿色，有香味，口感好，耐贮藏
千秋	与其他主栽品种配合栽培易结果，也适合温暖地区栽培
祝	与其他主要品种混栽利于结果。夏季作为青苹果上市
珊夏	果个稍小，风味好，也适合温暖地区栽培
北斗	脆度好，甜味浓。在温暖地区栽培容易出现着色不良，适合寒冷地区栽培

试验品种与特点

芭蕾系（舞佳、舞乐等）	果实小如铃铛。因为直立性强，枝条不横向生长，所以空间有限时也能栽培
姬苹果	大量结直径为 2 厘米左右的小果
阿尔卑斯乙女	因为果实小，比较容易栽培，所以适于初学者栽培

1 栽 植

➡ 11 月 ~ 来年 3 月

在光照好的地方栽植。但是，夏季会引起果实日烧，所以要避开西晒过强的地方。

❶ 挖直径为 40 厘米、深 40 厘米的栽植坑。

❷ 挖出的土与腐叶土混合。

❸ 将❷混合土的一半再与油渣、牛粪混合，进行回填。

❹ 用剩下的土固定苗木，修建储水坑并浇水。

2 整枝修剪

➡ 6 月 夏季修剪、1~3 月 冬季修剪

果实的着生方式

1 年生枝条的顶端与叶腋着生花芽（混合花芽），特别是从 2 年生枝条的叶腋抽生的短果枝顶端着生充实的花芽。从 2 年生枝条顶端抽生的 1 年生枝条或长果枝上的花芽、枝条叶腋间着生的腋花芽虽能结果，但是果个不大。

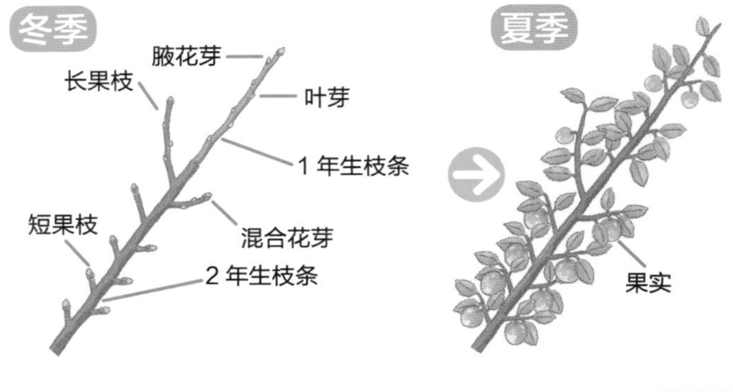

冬季
腋花芽
长果枝
叶芽
1 年生枝条
短果枝
混合花芽
2 年生枝条
夏季
果实

花芽的着生方式

从 2 年生枝条的顶端抽生的 1 年生枝条或长果枝顶端的花芽不充实，所以不让其结果；短果枝顶端的花芽充实，所以让其结果。
1 年生枝条
从 2 年生枝条上抽生的 1 年生枝条的顶端，这部分的花芽不太充实。
2 年生枝条
上一年短截的部分
短果枝的顶端，花芽大而充实。

培养方法

苹果枝条柔软易引缚，是整枝比较简单的果树。从主干发出的枝条呈圆锥形生长，最好按主干形培养。若是利用树高较低的矮化砧木苗木，树形的培养与修整便是一种乐趣。

除此以外，也可以将伸长的侧枝水平引缚，培养成侧枝呈水平形，或按篱壁形水平引缚，培养成平面形或单屋脊形。

主干形的培养

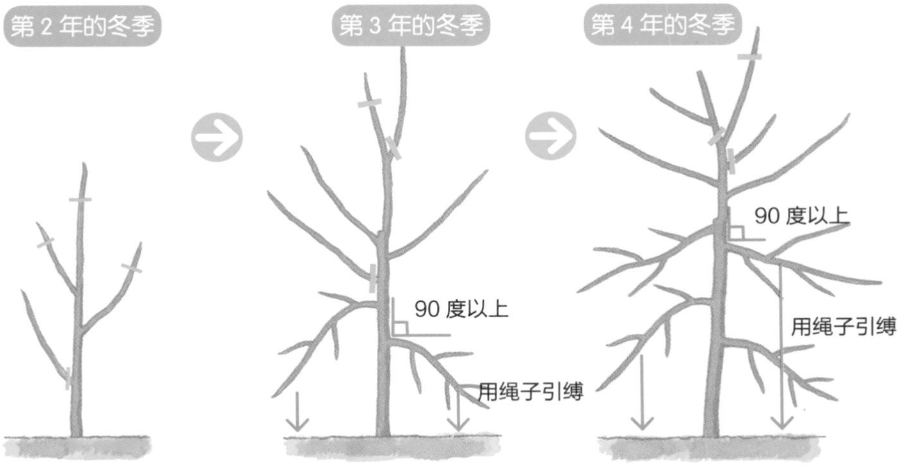
第 2 年的冬季
第 3 年的冬季
第 4 年的冬季
90 度以上
用绳子引缚
90 度以上
用绳子引缚
在主枝顶端 1/3 处短截，疏除靠近植株基部的枝条。

将其结果的枝条水平稍向下引缚，疏除平行枝与杂乱枝条。

在上部抽生的枝条，用同样的方法向下引缚。短截树势强旺的枝条，疏除平行枝与杂乱枝条。

单屋脊形的培养

去掉另一个主枝
主枝
主干
半篱壁形的培养方法，适于小型果树栽培，容易挂果。

修剪要点

◎ 夏季修剪

为了改善树冠内部的光照与通风条件，预防病虫害的发生，应疏除或短截从春季到夏季生长的徒长枝条。

专业技巧 提早结果

短截新梢顶端，提早 1 年发出短果枝

6 月，在生长的新梢顶端 1/3 左右处短截。7 月，在枝条的中部到基部就会着生花芽。因为花芽在来年结果，所以能够提早一年结果。

2 在新梢顶端 1/3 处短截。

3 短截后，在枝条中部到基部着生花芽。

1 放任生长后，会影响其他枝条的生长，阻碍果实的生长。

2 短截后，改善了通风透光条件。

◉ 冬季修剪

疏除扰乱树形的徒长枝、交叉枝、内向枝、轮生枝等。理顺作为主枝、次主枝、侧枝的枝条后开始修剪。着生短果枝的修剪在无用枝条整理后进行。

1 修剪前的样子。上部徒长，树冠内杂乱生长着交叉枝、内向枝、平行枝等。短截徒长枝条，降低树高，整理剩余的枝条。

2 这株树可以培养 4 根主枝。第 4 主枝的侧枝Ⓐ～Ⓒ部分会妨碍其他枝条生长。

3 Ⓐ部分上抽生的强壮枝条从基部疏除，同时疏除内向枝。

4 Ⓐ部分整理后的样子。留下用于结果的枝条，作为次主枝。因为顶端的花芽不能结好果，所以在留下的次主枝顶端短截。

5 从基部疏除阻碍其他枝条生长的Ⓑ部分枝条。

6 留下利于平衡的次主枝。同样疏除Ⓒ部分阻碍其他枝条生长的枝条。

7 Ⓒ部分枝条疏除后的样子。从其他主枝上抽生的枝条，也要疏除多余的。

专业技巧 提早结果

提早结果的引缚技巧

苹果树势强，上方枝条长势过旺，则很难发出结果的短果枝。因此，发出短果枝的技巧在于通过各种方法将枝条水平引缚，缓和树势，才能提早结果。根据枝条的生长方向、成熟度、粗细等变换方法是引缚的要点。

用绳子缠绕引缚

向上生长的枝条
1 向上生长的枝条用绳子缠绕引缚。首先，在引缚的枝条基部绑上绳子。
绑时留有空隙
操作前

2 用绳子边缠绕枝条边引缚，将绳子固定在下部的其他强旺枝条上。
注意，不要覆盖芽

3 在紧贴枝条顶端向外生长的叶芽上方短截。
操作后

拧枝引缚

1 将嫩枝拧后引缚。

2 保持拧后的状态，用绳子绑住，向下引缚。拧枝在枝条柔软的梨等果树上也能应用。

用绳子绑在强旺枝条中部向下引缚

折枝引缚

操作前

1 对于粗枝，不采取任何措施就进行引缚比较难，所以要对枝条折枝引缚。

2 在基部用剪枝剪切入。

3 慢慢弯曲。

4 为防止杂菌侵入，在切口涂抹愈合剂。

5 用绳子缠绕引缚。

6 在紧贴顶端朝外的芽上方短截。

7 完成。用这种方法引缚的枝条，仅让其结果一年就疏除。

操作后

专业技巧

提早结果

通过每年短截提早结果

长势好的新梢（1年生枝条）只在顶端着生花芽，不会着生太多能结果的花芽或短果枝。因此，通过冬季修剪，每年对新梢短截后，提早发出短果枝用于结果，能提高产量。

1年生枝条的短截

1 不短截的话，枝条生长过度，只有顶端着生花芽。

2 在枝条顶端 1/3 处短截。

3 在枝条中部到基部容易发出花芽或短果枝。

2年生枝条的短截

1 在第 1 年短截部位的下方着生花芽。

2 在新梢顶端 1/3 处朝外的芽上方短截。

3 充实 2 年生枝条的花芽，新梢也会发出短果枝。

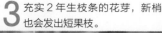

3年生枝条的短截

1 3 年生枝条发出短果枝。来年夏季利用这种短果枝结果。

2 在新梢顶端 1/3 处用同样方法短截。

3 促进短果枝的生长，也能发出新的短果枝。

专业技巧 增加产果量

有效利用多余的空间

平行枝或交叉枝，原本是要疏除的，但是如果疏除后周围会突然显得很空，要在顶端短截，使其发出新的枝条。

1 周围有空间时，在交叉枝或平行枝朝外的芽处短截。
形成交叉枝的枝条
这次在这里短截
平行枝
原本要疏除
原本在这里疏除
这次在这里短截

2 新的枝条朝外生长，在短截后的枝条上发出短果枝。
像这样的枝条
让其继续生长
像这样的枝条
让其继续生长

3 开花、人工授粉 ➡ 4 月下旬 ~5 月中旬

若与其他品种混栽，因为昆虫运送花粉，所以能自然授粉。

确定要进行人工授粉时，用笔等的尖端蘸取授粉树的花粉，使其附着在中心花的雌蕊上。开花时期不同的品种，要保存雄蕊的顶部（花药），利用人工进行授粉。

边花
中心花
花序

富士的花。1 个花序着生 5~6 朵花。中心花最先开放，边花陆续开放。人工授粉是将收集好的花粉授在中心花上。

请教 小林老师

Q 虽然起源于西日本，但是在温暖地方也能栽培。

A 原本在寒冷地方生长的果树，不能在温暖地区栽培。适于温暖地区的品种，通过精细管理栽培的话，在日本全国都有可能栽培。

选择津轻或千秋等适合温暖地区的品种，要防止夏季炎热导致树势衰弱，要避开在西晒严重的地方栽植，也要注意病虫害的应对。

虽然在温暖地区能够提早成熟，但是果实上色较难，耐贮性会变差。

Q 栽培红玉时，若采收的果实上有黑点，则可能有病。

A 所谓的红玉斑点病，主要是由钙元素不足引起的。这种病在苹果中，特别是红玉上比较常见，但是不影响风味。采收后，放入冷库低温贮藏，能够防止此病发生。栽培时，肥料的氮素养分少的话，可施入含钙的苦土石灰等。通过控制修剪，在一定程度上也能防止此病发生。

4 果实管理

➡ 5~7 月

为了不让其结果过多，大致分 3 次进行疏果。第 1 次疏果在开花后的 3~4 周进行，留中心果（花），去除边果（花）。

第 2 次是在生理落果的 6 月下旬左右，以小果、伤果为主进行。以 1 个花序留 1 个果为目标。

7 月下旬进行第 3 次疏果。大果品种以 4~5 个花序留 1 个果为目标，中果品种以 3 个花序留 1 个果为目标。

第 1 次疏果（花）

留中心果（花），去掉所有的边果（花）。

NG! 以差的疏果（第 2 次）为例

1 个花序结多个果，相互之间会阻碍生长。一定要 1 个花序留 1 个果。

第 2 次疏果

1 疏果前的样子，果实杂乱。

2 以带伤的果实或小果为主，用剪刀去掉。

3 以 1 个花序留 1 个果为目标。

套袋

为预防病虫害，疏果结束后就套袋。套的袋子，在果实采收之前的1个月脱掉，让果实照射日光，使其上色。

但是，不套袋的果实甜度更高。

1 考虑到果实生长，要套稍大点的袋子。

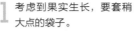

2 留出果梗（着生果实的基部）。

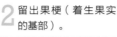

3 从两端折起，用预留的金属丝扎紧。

5 施 肥

●**基肥：** 12 月 ~ 来年 1 月施入有机质肥料 1000 克，化学肥料 500 克。

●**追肥：** 施入化学肥料 50 克。

6 采 收 ➡9 月 ~11 月中旬

从上色到采收。选择仅能用手简单摘取的果实进行采收。

市场上销售的果实几乎都在完全成熟前采收，再慢慢后熟。因为在树上完全成熟的果实具有特别的风味或口感，所以家庭栽培的话，最好在充分成熟后采收。

7 病虫害

苹果不耐雨或忌高湿度，在梅雨时期容易染病。注意不要过多施入含氮元素的肥料。刮粗皮（P89）也有预防效果。

●**斑点落叶病：** 在持续高温高湿的天气容易发生。叶片出现斑点后会导致落叶。

●**赤星病：** 开花期多雨时容易发生。叶或果实会出现褐色斑点。

●**白粉病：** 枝条、叶片或果实等因附着白色粉状的霉层而枯萎。需去掉感染的部分。

感染赤星病的果实。

盆栽要点

样板树的培养 将枝条水平拉开，达到平衡，控制树势，使其结果良好。

主枝顶端的长势过强时，也可以短截
用绳子将枝条水平拉开

避光培育

从大果到小果，有各种各样的品种，但是盆栽适合培育难以形成大果的矮化砧木苗木或日本阿尔卑斯乙女等小型品种。一般培养成赏心悦目的样板树等。

盆的大小 准备 2 株不同品种的苗木，分别栽植在 8~9 号盆里。

培养土 将赤玉土与腐叶土按 1:1 比例混合作为栽植用的培养土。12 月 ~ 来年 1 月和 5 月左右，在盆边压入几粒玉肥。

水分管理 水分不足会引起叶片日烧，特别是从开花到果实膨大的 7~8 月间要注意不能缺水。为了不让土壤变干，一般每天要浇水 2 次。

猕猴桃

◉ 栽培资料

耐寒性 ●●● **耐热性** ●●● **耐阴性** ●●●

留果量…………5片叶供应1个果

栽培适宜地区…适合于日本关东地区以西的地方栽培；但是盆栽的话，在日本全国都可以

授粉树…………必须有

童期……………庭院栽培：4~5年。盆栽：3~4年

◉ 栽培月历

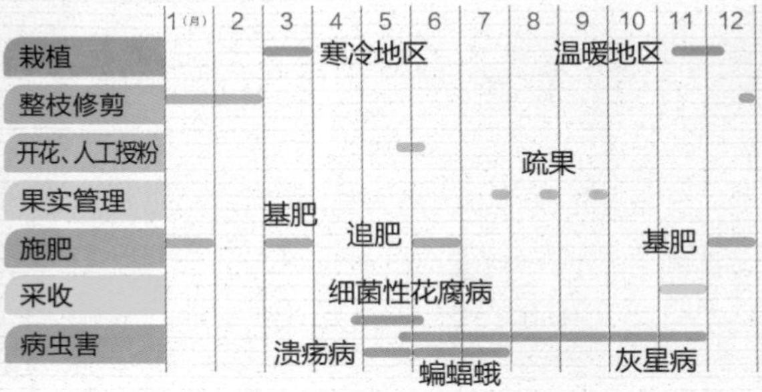

品种的选择方法

因为猕猴桃是雌雄异株，所以为了授粉，雄株与雌株要一起栽植。应选择开花时期相吻合的品种，且果实味道不会因各品种的不同组合而变化。

最好选择开花时期长的雄性品种，与任何雌株亲和性都好。

1 栽植

➡ 11月中旬~12月上旬、3月

温暖地区在11月中旬~12月上旬栽植，寒冷地区在3月栽植。先栽植雌株，相隔3米以上栽植雄株。空间不富裕时，雄株可以盆栽。干旱或湿度过大都会导致树势衰弱，所以适于栽植在没有大风和水分胁迫的地方。

❶ 挖直径和深度均为40厘米的栽植坑。

❷ 挖上来的土与腐叶土混匀，将其一半与牛粪和油渣混匀，回填。

❸ 留下的土用于栽植苗木，方式为浅栽。

亲和性好的组合

○

海沃德	× 陶木里
名苹果	× 孙悟空
耶罗笑	× 孙悟空

※ 马图阿与任何雌株亲和性都好。

推荐的品种（特性与栽培要点）

● 雌性品种

海沃德	在日本栽培最多的代表品种。果个较大，易于贮藏
布鲁诺	果个稍小，酸味较浓。后熟期短，不易于贮藏。一般在比较寒冷的地方栽培
艾博特	果个稍小，甜味浓，易于贮藏
名苹果	特别甜、维生素C含量高的品种。在树上直接成熟，不需要后熟
耶罗笑	黄色果肉的品种。在树上直接成熟，不需要后熟

● 雄性品种

陶木里	花粉量大，花期晚，用于给海沃德授粉
马图阿	花期长，可以给任何品种授粉
孙悟空	花期早，用于给雌性品种中花期早的名苹果、耶罗笑授粉

海沃德

名苹果

2 整枝修剪

➡12 月下旬～来年 2 月

果实的着生方式

枝条的顶端部分是叶芽，侧面着生混合花芽。混合花芽抽生新梢，在其基部有好几朵花开放、结果。上一年着生果实的节位没有芽。

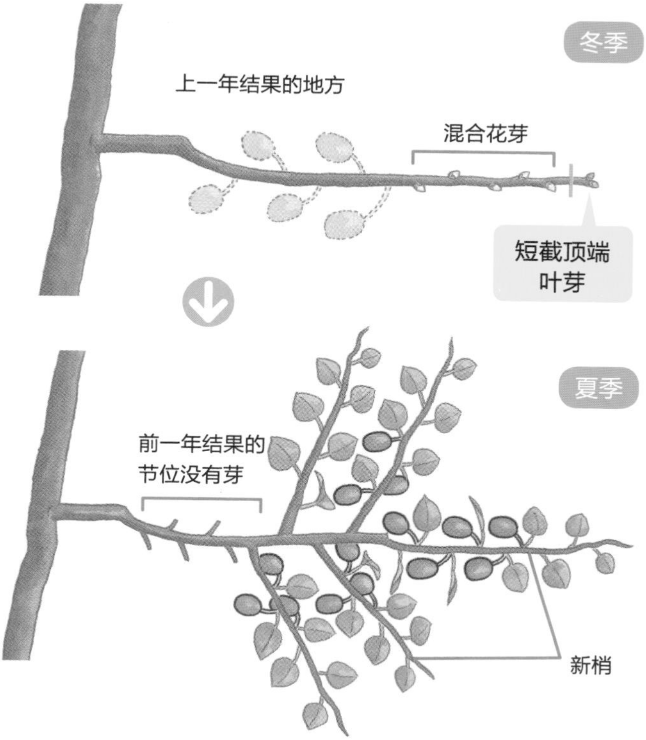

猕猴桃的花芽与叶芽

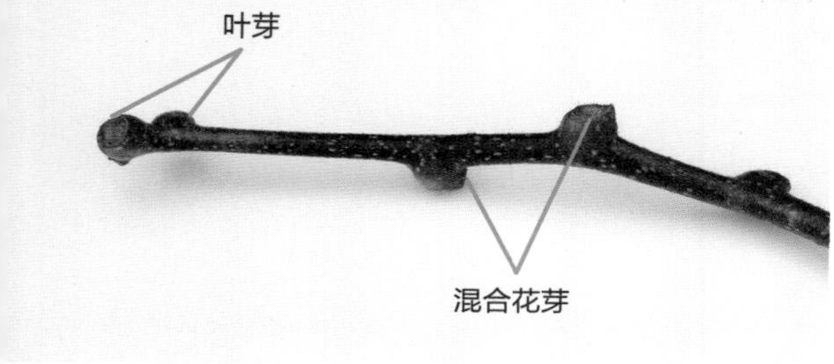

培养方法与修剪要点

猕猴桃属于蔓性植物，最好培养成棚架；不采用棚架时，最好培养成小型的 T 形横架。

夏季修剪是将长起来的蔓切断。冬季修剪的要点是，结过果实的节位不发芽，在该部位往前 3~5 个芽处短截；对于不让结果的枝条，留 8~10 个芽短截，用于第 2 年结果。

棚架培养　棚架的状态。棚架培养是将雌株与雄株分别在棚架两侧相向栽植。棚架上方生长主枝。第 3 年雌株主枝有 3 个，并向 3 个方向伸长。

T 形横架的培养与修剪

第 1 年

准备高 2 米的棚架栽植雌株，将长势好的新梢引缚在支柱上。新梢伸长后，在棚架下方 30 厘米左右的地方解开，作为主枝引缚到棚架上。

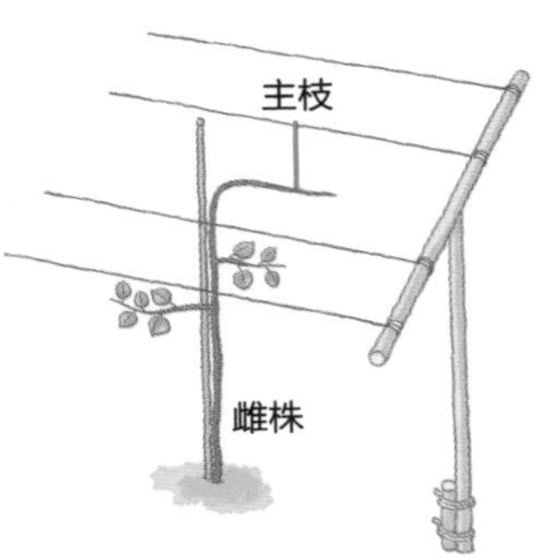

第 2 年的夏季

在前一年主枝弯曲的一侧抽生新的枝条，将其作为第 2 年的主枝，与上一年主枝反方向引缚。将在主枝上抽生的新梢相对于主枝成直角引缚。棚的另一端栽植授粉用的雄株。

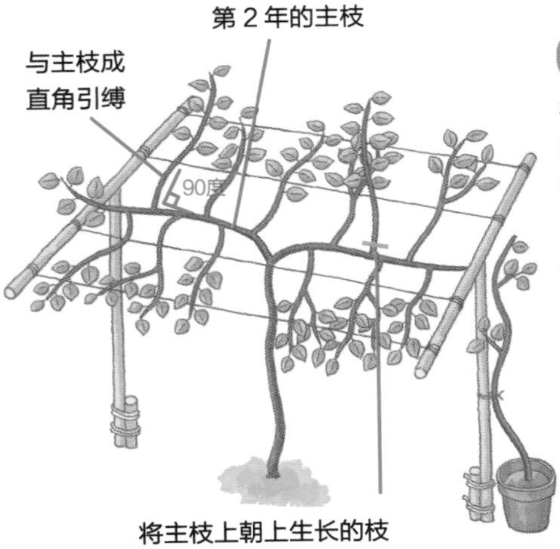

第 2 年的冬季

次主枝（从主枝上抽生的枝条）的间隔是 40~50 厘米，其余的疏除，在留下的枝条顶端 1/3 处短截。

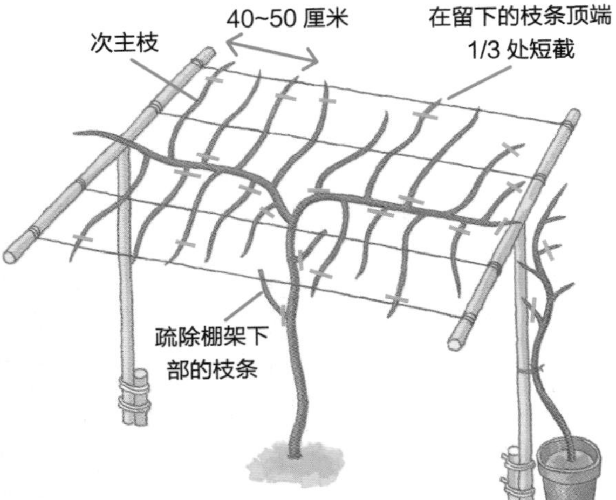

第 3 年的冬季

次主枝的间隔在 70~80 厘米，疏除长势差的枝条或杂乱的枝条。从次主枝上抽生 4~5 根侧枝(从次主枝上抽生的枝条)，利用这些侧枝结果。

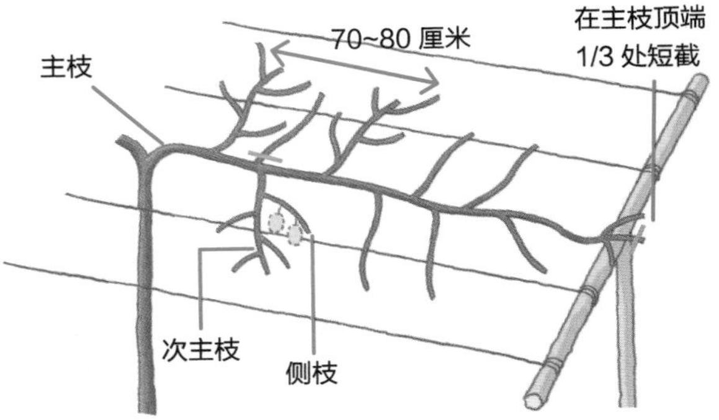

结果后的冬季

因为结果后的节位不出芽，所以在其前方留下 3~5个芽短截。没有结果的枝条留8~10个芽短截，用于第2年结果。

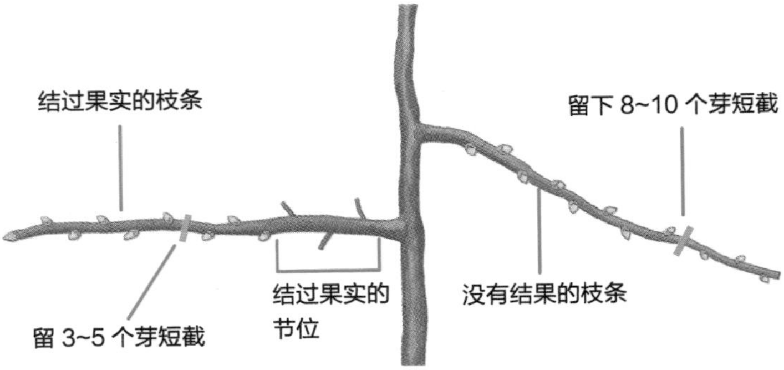

猕猴桃枝条柔软，容易从剪口处枯萎。要在芽与芽之间短截。

3 开花、人工授粉

➡ 5 月下旬 ~6 月上旬

人工授粉

与雄株混栽，便于昆虫授粉。为了确保结果，可以在雌花开放 3~5 成时和盛花期，进行 2 次人工授粉。人工授粉就是摘取雄花，直接在雌花的雌蕊上轻轻摩擦。每朵雄花可以为大概 10 朵雌花授粉。

雄花

雌花

4 果实管理

➡ 7 月下旬、8 月下旬、9 月下旬

疏果

因为生理落果后还会留下大量果实，所以要进行疏果。

● **7 月下旬、8 月下旬** 7 月下旬着生 3~4 片叶留 1 个果，8 月下旬最终是 5 片叶留 1 个果，按照此标准疏果。

● **9 月下旬** 因光照等条件的差异，果实生长的具体情况不同，要疏除 9 月不生长的小果、坏果。

1 每个花芽能结 2~3 个果，根据叶片数量确定果实，去掉其中小的。

2 3 个果实大小差异不大时，一般留中间发育较好的果实。

专业技巧 增大果个

根据枝条长度决定留果数量

在猕猴桃实际栽培过程中，不是以叶片数量为基准，而是根据结果的枝条长度决定留果的数量。80 厘米左右的枝条留 3~4 个果，50~60 厘米的枝条留 2 个果，30 厘米以下的枝条留 1 个果。

图中显示的 30 厘米以下的枝条，因为留下 2 个果实而导致其中一个发育不良。

5 施肥

●**基肥：**12 月～来年 1 月每株施入 1000 克有机质肥料（配制 A），3 月每株施入 50 克化学肥料。

●**追肥：**6 月每株施入 40 克化学肥料；生长旺盛的话，则没有必要施肥。

6 采收 ➡11 月

因为遇霜后果实会发黑，所以应在 11 月采收。采收的果实硬、酸度大，必须后熟。

把收获的猕猴桃与几个苹果一起放在塑料袋里，经过 1~2 周时间，从苹果中释放出乙烯气体，能够促进猕猴桃成熟，使其吃起来味道更好。

感染灰星病的果实。

7 病虫害

●**细菌性花腐病：**开花期，花或蕾腐烂、脱落。避雨、通风良好可以预防该病。

●**溃疡病：**5 月左右发生，发生后在芽的周围或枝条的着生基部等渗出树液，芽或枝条干枯死亡。应去掉发病部位并烧毁。

●**蝙蝠蛾：**6~7 月，幼虫在枝干分叉处钻孔蛀入，在内部啃食为害。将植株基部的杂草清理干净就可以了。若发现幼虫，就用金属丝等刺杀。

●**灰星病：**开花期染病的花枯萎；采收期染病的果实出现斑点，造成落果。雨多时容易发生，套袋可以预防该病。去掉染病的果实即可。

请教 小林老师

Q 没有结果或结果情况较差时，怎么做才好呢？

A 考虑到多种情况，原因不同，应对策略也不相同。

① 开花但没有结果

猕猴桃靠昆虫授粉，但是在城市街道等昆虫少的地方，必须进行人工授粉。在雌花开放 3~5 成时和盛开时，进行 2 次人工授粉。

② 结果但果实不生长

一般认为原因是授粉不完全。深黄色花瓣的雌花，受精能力低，即使授粉也不生长。每朵雌花应授粉 2 次。

也有水分不足的原因。猕猴桃在开花后 60 天内，果实迅速生长。这个时期水分不足的话，果实长不大、甜味变淡。

但是，浇水过量会导致根系无法呼吸而窒息死亡，一定要注意。

③ 难以着生花芽

枝条剪留得过短、氮素肥料供应过多，只会加快枝条伸长而难以着生花芽。盆栽时，肥料或水不足会导致树势衰弱，即使第 3~4 年开始结果，也延迟了开花或结果。

结果过多时，第 2 年树势衰弱，会引起隔年结果。为了防止隔年结果的发生，请一定要进行疏果。

盆栽要点

最好培养成篱壁形，别忘了人工授粉

盆栽，一般采用与庭院栽培相同的方法培养成棒形，但是最好培养成不易染病的篱壁形。灯笼架形容易感染白粉病，最好避免使用该架形。

盆的大小 用 7 号以上的盆来栽植。因为经过 3~4 年，会引起盘根错节，所以要上盆。

培养土 用赤玉土 5 份、腐叶土 4 份、苦土石灰少量等混匀的培养土栽植。12 月～来年 1 月和 5 月，各在盆边压入玉肥。

水分管理 因为盆栽抗旱性弱，所以一定要注意不能缺水。特别是夏季，要保证有充足的水分。

必知之事

在有强风的阳台栽培时，强风会使叶片受伤、枝条折断，从而感染病害。最好悬挂避风的防风网，以保护枝叶。

篱壁形的培养

1 立 3 根等间距的支柱。

2 高度控制在 2 米左右，在支柱上分别绑上 3 根横梁，将长势好的枝条 A 横向引缚并用塑料绳固定。用相同的方法固定枝条 B。

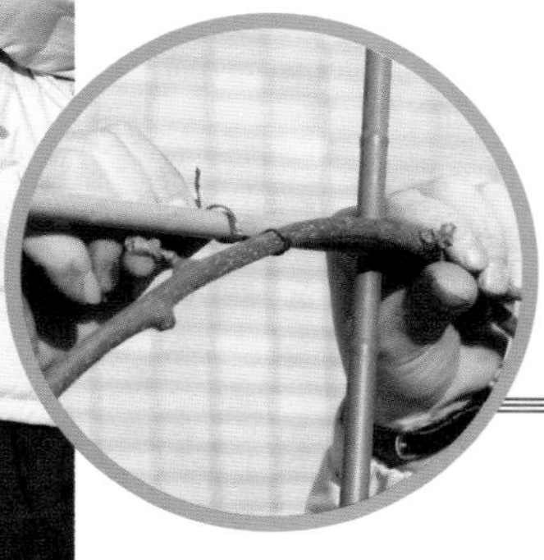

为防止枝条受伤，应在支柱一侧扭紧。

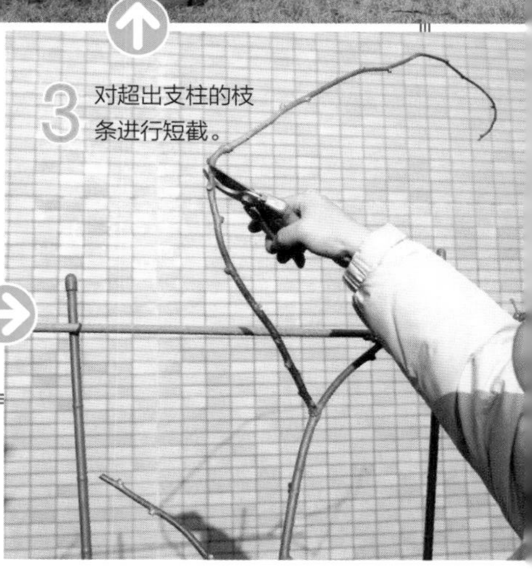

3 对超出支柱的枝条进行短截。

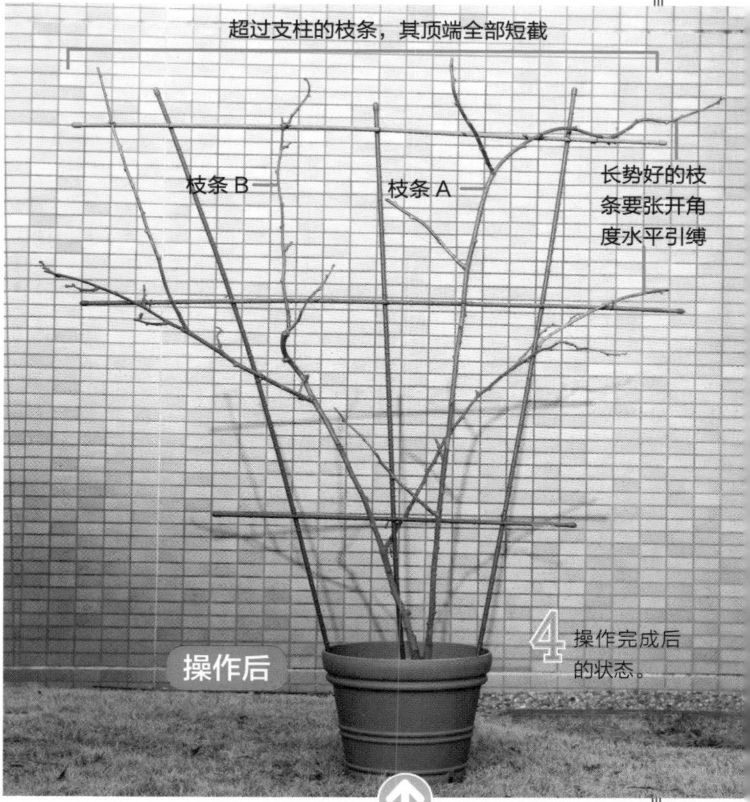

4 操作完成后的状态。

葡萄

◉ 栽培资料

耐寒性 ●●●　**耐热性** ●●●　**耐阴性** ●●●

留果量…………5~10 片叶供应 1 串果实

栽培适宜地区…在日本全国都可以栽培。特别适合在采收期雨量少、日照时间长的地方栽培

授粉树…………不需要

童期……………庭院栽培：2~3 年。盆栽：1~2 年

◉ 栽培月历

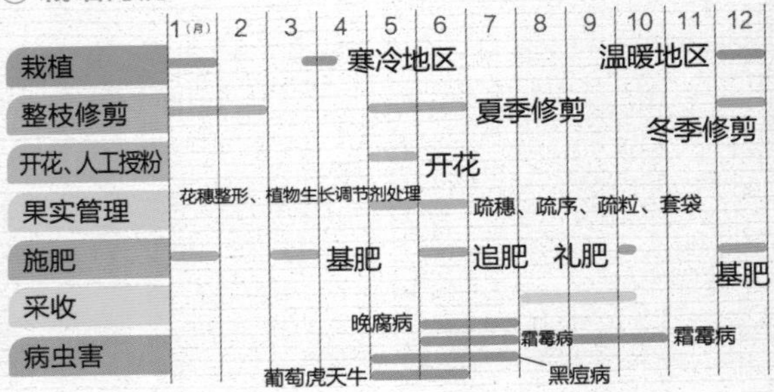

1（月）　2　3　4　5　6　7　8　9　10　11　12
栽植
整枝修剪
开花、人工授粉
果实管理
施肥
采收
病虫害
寒冷地区
温暖地区
夏季修剪
冬季修剪
开花
花穗整形、植物生长调节剂处理
疏穗、疏序、疏粒、套袋
基肥
追肥
礼肥
基肥
晚腐病
霜霉病
霜霉病
黑痘病
葡萄虎天牛

品种的选择方法

西亚原产的欧洲种和北美原产的美国种杂交，就有了欧美杂交种。欧美杂交种是在日本高温多湿的气候条件下培育而成的，容易进行家庭栽培，因而得到广泛推广。巨峰是倾向于家庭栽培的代表性的欧美杂交种。因为栽植 1 株就能结果，所以栽培 1 个品种也是可以的。

苗木有嫁接苗和扦插苗，应尽量选择嫁接苗。

推荐的品种（特性与栽培要点）	
玫瑰露	果实浓红色，果粒小。无核葡萄，欧美杂交种
巨峰	果实紫黑色，果粒大。甜味浓，酸味淡。欧美杂交种
先锋	果实大。有淡淡的酸味或涩味，甜味浓。欧美杂交种
贝利 A 麝香（蓓蕾玫瑰 A）	容易栽培。坐果率高，因为花序数量过多，所以一定要进行疏序工作
新麝香玫瑰	倾向于在温暖地区栽培的品种。抗病性强。果皮厚，酸味淡。欧洲种
康拜尔早生	果个中等大小，有适度酸味，栽培容易。欧美杂交种
哈尼红	大粒，非常甜。具有与巨峰相似的特性

玫瑰露

新麝香玫瑰

1 栽 植 ➡ 12 月 ~ 来年 1 月、3 月下旬 ~4 月上旬

温暖地区在 12 月 ~ 来年 1 月的冬季栽植，寒冷地区在 3 月下旬 ~4 月上旬的春季栽植。

❶ 将挖出的栽植坑的土与腐叶土混匀。

❷ 将 ❶ 的一半土加入牛粪、油渣，回填到坑里，剩下的土与苗一起栽植。

❸ 立支柱，固定，在 40~70 厘米高处短截。

2 整枝修剪 ➡ 5~6 月 夏季修剪，12 月 ~ 来年 2 月 冬季修剪

果实的着生方式

由着生在上一年生长的枝条上的花芽（混合花芽）抽生新梢，在这根新梢上着生多个花穗，生长到秋季，结出果实。由新梢基部开始，4~12 个芽结果较好。

根据新梢与花穗的生长情况，5 月以后进行花穗整形、疏穗、疏序等工作。

葡萄的花芽

葡萄的混合花芽，由这个芽抽生新梢、开花、结果

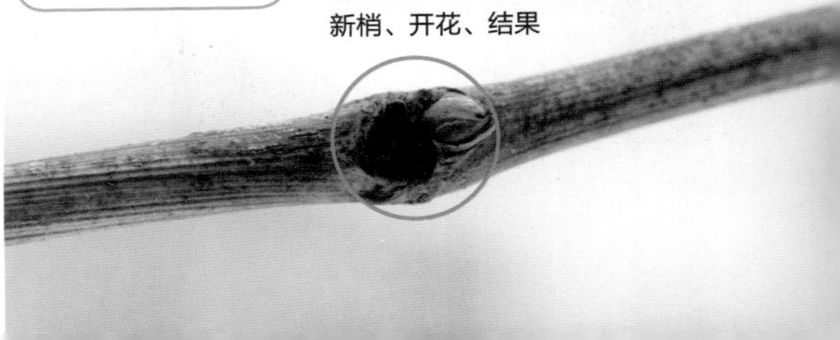

果实的着生方式

培养方法

因为葡萄是蔓性植物，所以一般培养成棚架。棚架培养是做一个高度为 2 米左右的棚，在棚上引缚主枝进行培育。一定要合理利用棚的高度以外的栽培空间。也可以培养成篱壁形或棒形等小型架式。

篱壁形的培养

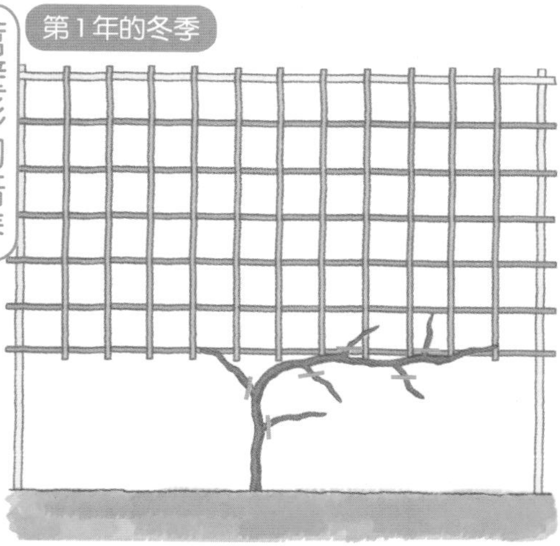

1 从篱壁下部引缚主枝，将其余枝条疏除。

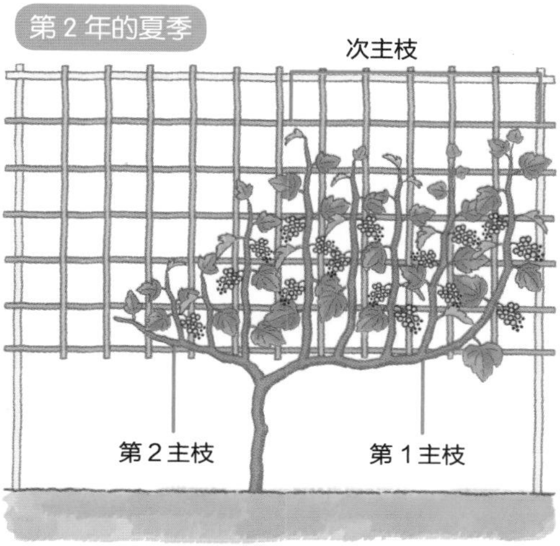

2 将向引缚枝条反向生长的枝条作为第 2 主枝引缚。将第 1 主枝抽生的次主枝朝上引缚，保持直立。次主枝结果。

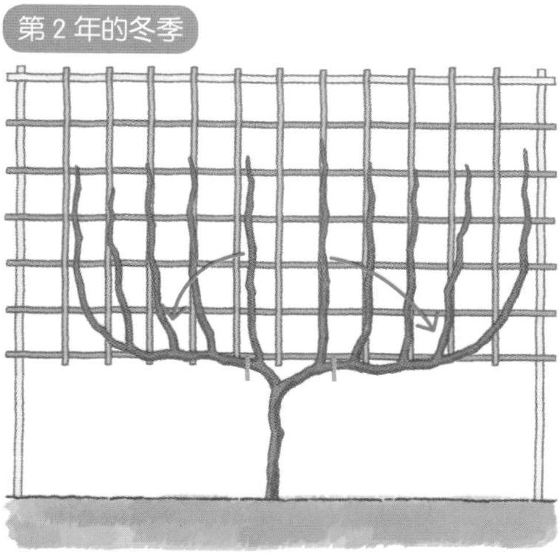

3 留下中间抽生的 2 根枝条，将其余的剪断，将留下的 2 根枝条作为主枝引缚。

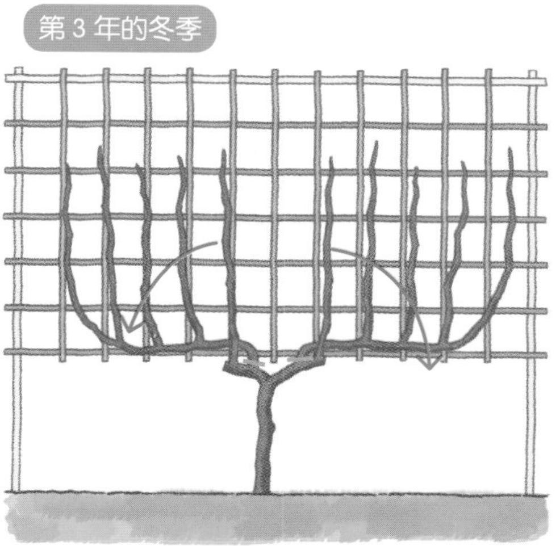

4 采用与第 2 年冬季相同的方法，留下中间抽生的 2 根枝条，将其余的剪断，将留下的枝条作为下一年的主枝引缚。

修剪要点

◉ 夏季修剪

疏除不带花穗的枝条，改善光照和通风条件。通风差时易发生黑点病。由新梢抽生的卷须会缠绕到其他枝条上，阻碍其生长，最终导致其死亡，所以要去掉。

去卷须

1 进入5~6月，开始抽生卷须，应将其从基部剪掉。

2 用相同的方法去掉所有卷须。

专业技巧 增大果个

短截朝下生长的枝条，增大果个

因为朝下生长的枝条吸收养分少，果实不会变大，所以在朝上或横向生长的枝条部位短截。

1 因为有朝下生长的枝条，所以在朝上生长的枝条处短截。

2 葡萄剪口容易干枯，所以不要从基部剪切。

3 用相同的方法短截朝下的枝条。

◉ 冬季修剪

疏除结果多年的老枝、交叉枝、平行枝等无用的枝条。为了让果实充分吸收养分，要在留下的嫩枝顶端短截，以抑制树势。

必知之事

疏除葡萄枝条时，为了防止干枯，在枝条基部保留 1 厘米左右长的枝条。一定要注意，剪口过长也容易导致干枯。

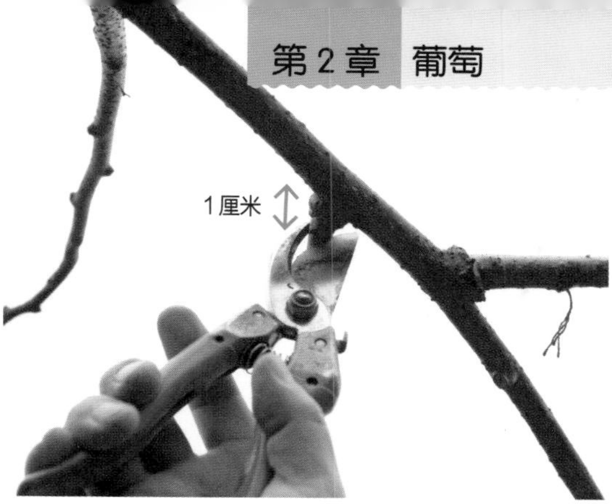
1 厘米

疏除无用枝

操作① 疏除平行枝

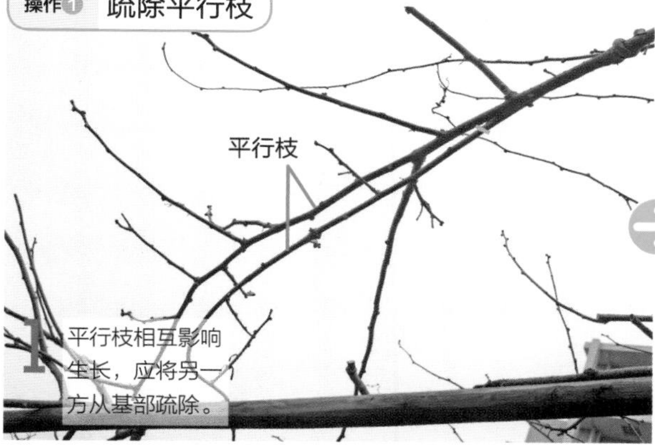
平行枝
1 平行枝相互影响生长，应将另一方从基部疏除。

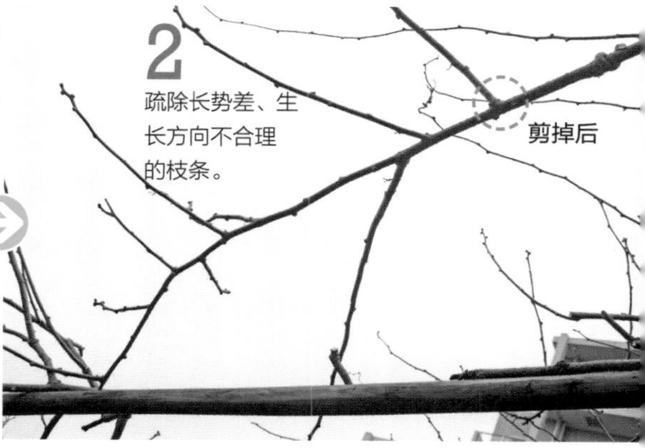
2 疏除长势差、生长方向不合理的枝条。
剪掉后

平行枝
主干
1 从主干上发出的枝条，形成平行枝或内向枝时，也要疏除。

剪掉后
2 疏除长势差、生长方向不合理的枝条。

操作② 疏除交叉枝、长势差的枝条

1 交叉枝或长势差的枝条会阻碍其他枝条的生长，因此要疏除。
长势差的枝条
交叉枝

2 疏除无用枝条后的状态。

操作3 剪掉同一部位发出的枝条
外侧枝条

从同一部位发出的枝条，应留下嫩枝，剪掉外侧的枝条。

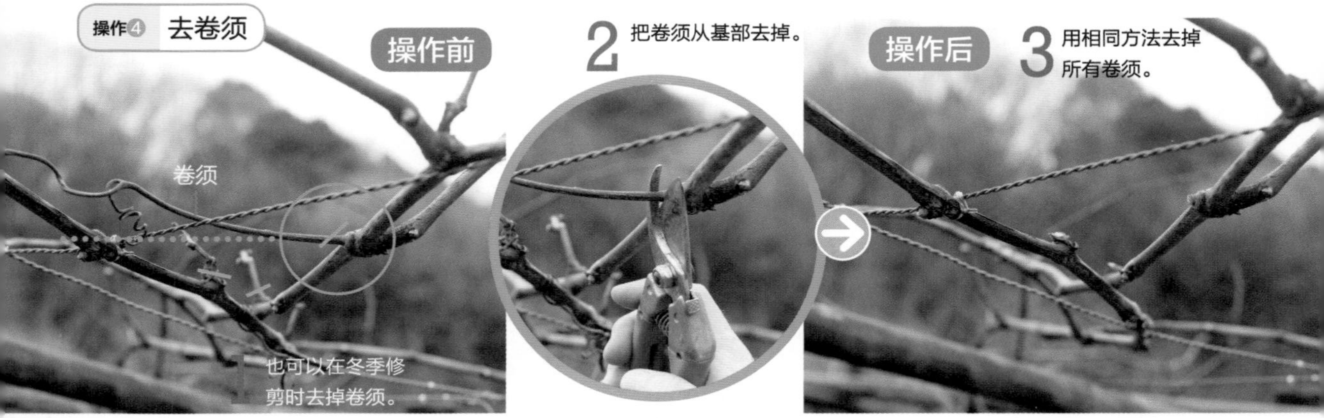
操作4 去卷须
操作前
卷须
1 也可以在冬季修剪时去掉卷须。
2 把卷须从基部去掉。
操作后
3 用相同方法去掉所有卷须。

调整枝条间距

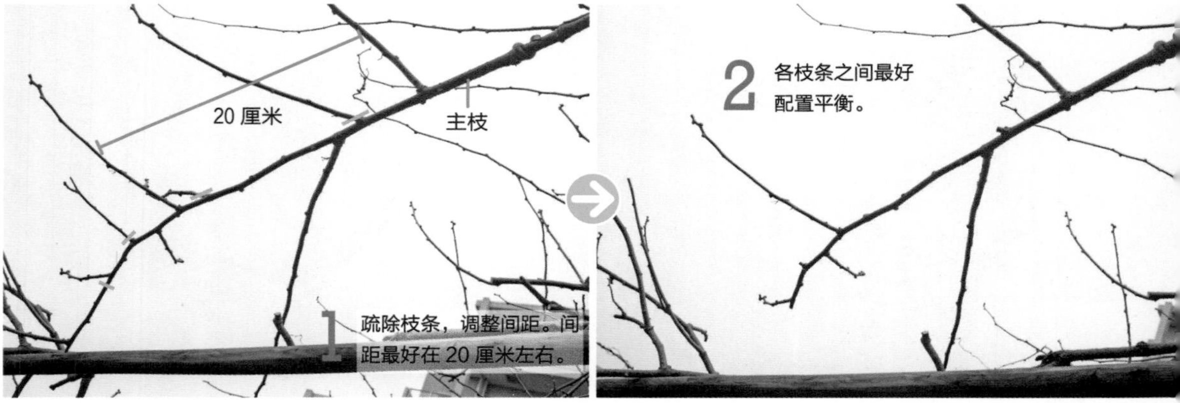
20 厘米
主枝
1 疏除枝条，调整间距。间距最好在 20 厘米左右。
2 各枝条之间最好配置平衡。

短截枝条顶端

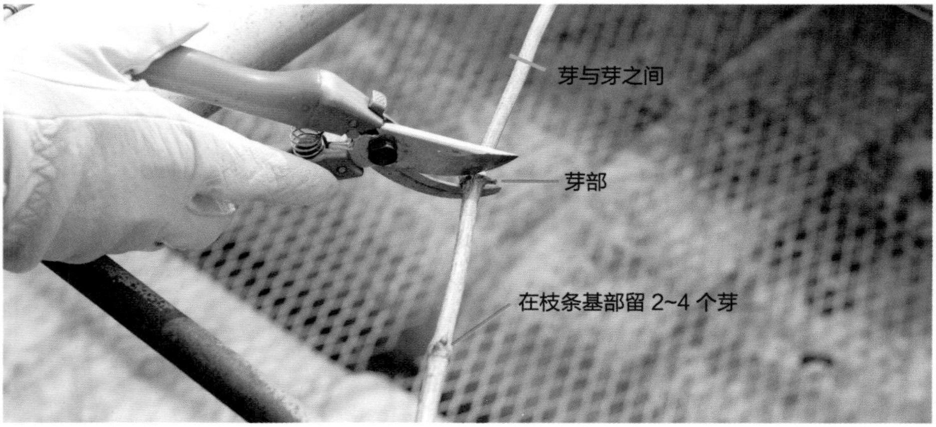
芽与芽之间
芽部
在枝条基部留 2~4 个芽

为了抑制树势，在枝条顶端短截，并且最好在新梢基部留 2~4 个芽短截。为了防止剪口部位干枯，应在芽部剪切或芽与芽之间剪切。

专业技巧 提高坐果率

品种不同，留芽数量不同

对枝条顶端短截时，要根据每个品种的树势特性，改变留芽数量，这样才能使结果良好。

巨峰等树势强旺的品种，留 4~7 个芽剪切（长梢修剪）；玫瑰露、蓓蕾玫瑰 A 等树势弱的品种，留 2~4 个芽剪切（短梢修剪）。

长梢修剪（巨峰等）

1 巨峰等树势强旺的品种，剪留的枝条长。

2 留芽数量按照 4~7 个芽的标准进行。

短梢修剪（玫瑰露、蓓蕾玫瑰 A 等）

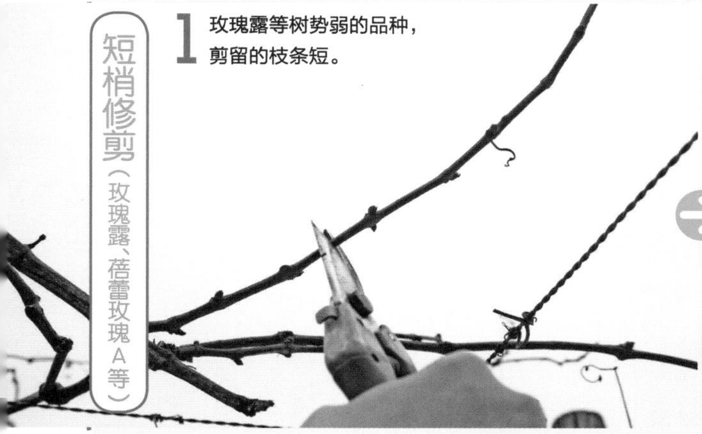

1 玫瑰露等树势弱的品种，剪留的枝条短。

2 留芽数量按照 2~4 个芽的标准进行。

请教 小林老师

Q 树体生长良好，开花量大，但是几乎不结果，为什么呢？

A 氮素肥料施用过多或修剪过重，会引起枝条生长（树势）变强而不结果，即所谓的“催花”现象。果实不能变大的原因是新梢生长争夺养分，采取的应对策略是减少含氮素肥料的施用量或避免过重修剪。

大粒品种也可以通过疏果来减少果实数量，从而改善下一年的坐果能力。

Q 结果量多，但是不甜，为什么呢？

A 考虑到结果过多的情况，最好进行修剪或疏穗、疏序、疏粒。

特别是冬季修剪时不能像其他果树一样短截枝条。但是，短截时有短梢修剪和长梢修剪方法，选择适合该品种正确的修剪方法非常重要。

3 果实管理 ➡6 月 疏穗、疏序、疏粒、套袋、套伞

疏穗、疏序、疏粒

为了防止果实数量过多，应在开花前疏穗（减少花穗的数量）、开花后疏序（减少花序的数量）。这也是决定最终花序数量的操作。玫瑰露等 1 根枝条留 1~2 个花序（5 片叶供应 1 个花序），大粒的巨峰等 1 根枝条留 1 个花序（10 片叶供应 1 个花序）。疏穗、疏序后，果粒就会变大，此时要进行疏粒（不妨碍果粒间的相互生长）。

没有经过疏序、疏粒的果粒生长不一致，序形歪斜。

1 去掉生长差的小序和靠近基部的花序。

1 果粒间距过小，每个果粒都不能长大。

3 如果靠近基部的地方有其他花序，就去掉。

套袋、套伞

疏粒后，为了防止病虫害或风雨、阳光直射、摩擦等给果实造成伤害，应套袋或套伞加以保护。

1 考虑到果实的生长，要预备大一号的纸袋。

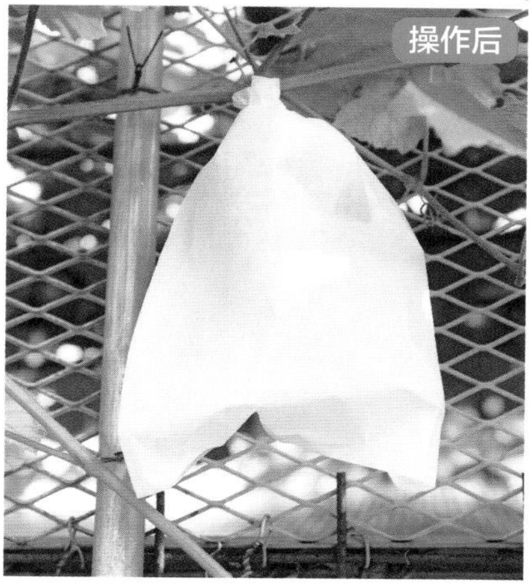

2 把袋子套到果梗（着生花序的部位）的部分，用预留金属丝等固定。

1 准备一张正方形的纸，在一边中间剪开 18 厘米长的口子。

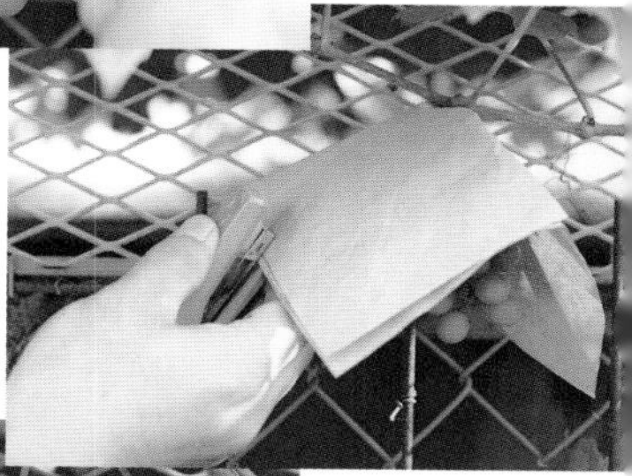

2 盖上纸，末端的两个角重叠，用订书机等固定。

3 这样能够防鸟害、雨淋、阳光直射，从而保护果实。

专业技巧 增大果个

修整花序

在 5 月开花前几天剪掉长势差的花穗，进行花穗整形后，就能够整理将来成为果实的花序形状。花穗较大的巨峰等品种，进行此项操作的效果特别好。

去掉生长差的和靠近基部的花穗，去掉横向分枝的副穗。

无核葡萄的培育

玫瑰露或巨峰等用植物生长调节剂处理后，果实就没有种子了，但是果粒会变大。玫瑰露在开花 2 周前和开花 10 天后，各用 100 毫克 / 千克的植物生长调节液蘸 1 次花穗，便可收获无核葡萄。

增大果个

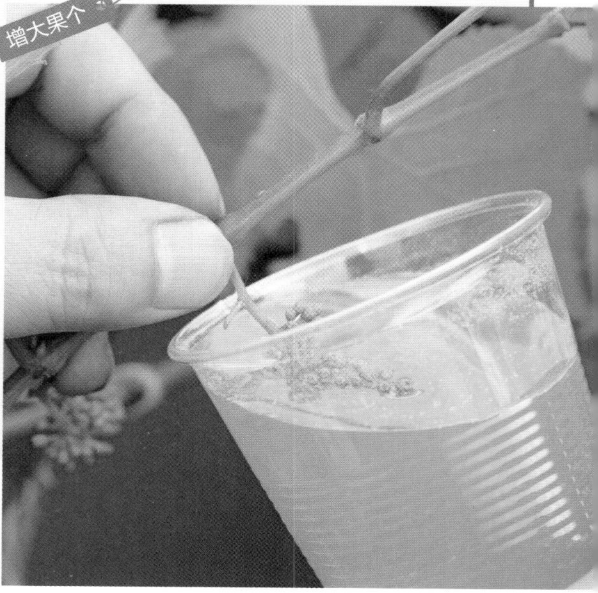

4 施肥

●**基肥：** 12 月 ~ 来年 1 月，每株施用有机质肥料 1000 克；3 月，每株施用化学肥料 100 克。

●**追肥：** 6 月，每株施用化学肥料 40 克。

●**礼肥：** 为了在 10 月上旬积累下一年生长发育所需的养分，每株施用化学肥料 50 克。

5 采收 ➡8 月 ~10 月上旬

果实成熟是由花序基部开始，逐渐延伸到顶端。尝尝最顶端的果粒，熟了有甜味的话，就可以采收。为了保证果实不受损伤，采收时应用剪刀剪断果梗。

盆栽要点

疏序后，每个盆栽留 5~6 个花序

盆栽适合栽植玫瑰露等小中粒品种。最好培养成小型的灯笼形或向左右引缚的篱壁形。如果培养灯笼树形，为了防止花序数量过多，要在 2.5~3 倍花盆高度的部位疏序。每个盆栽留 5~6 个花序，并让其结果。

盆的大小 用 8~10 号盆栽植。对照生长，2 年上盆 1 次。

培养土 用赤玉土与腐叶土按照 1:1 的比例制成的培养土栽植。12 月 ~ 来年 1 月和 9 月上旬，分别在盆边压入多粒玉肥。5 月 ~6 月中旬，施用速效性液体肥料作为追肥后，新梢生长良好。

水分管理 虽然葡萄抗旱性强，但是夏季土壤干燥时就要灌足水。

篱壁形的培养

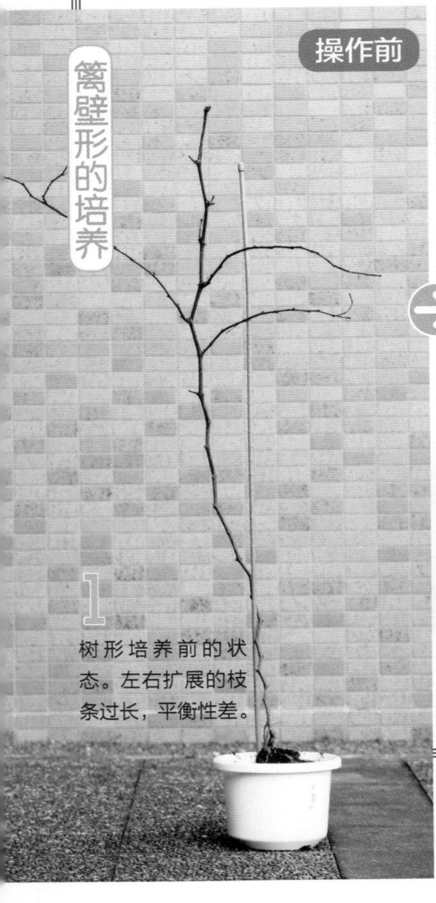

1 树形培养前的状态。左右扩展的枝条过长，平衡性差。

2 移栽到较大的盆里，立 2 根支柱。

3 横向搭建 3 根支柱，用塑料绳固定。

6 病虫害

●**黑痘病：**开花前到梅雨时期容易发生。新梢或花穗、叶片等会出现黑褐色斑点。应去掉发病部位并烧毁。

●**霜霉病：**从 6 月左右开始，叶片背面产生白色霉层。应去掉发病叶片并烧毁。

●**晚腐病：**从梅雨时期的中期开始到结束，果实脱水干枯或造成落果。套袋可以预防，发生后要去掉发病果实。

●**葡萄虎天牛：**幼虫在树干中间为害，5~6 月新梢开始枯萎。幼虫越冬时所在位置的树皮会变黑，可切开那部分树皮进行捕杀。

专业技巧 保护树体

刮树皮，以预防病虫害的发生

葡萄树干表面的树皮就像疮痂一样，在这些树皮或树皮下隐藏着病原菌或害虫的卵等。因此在冬季树体休眠期间，用剪刀或刮刀等削掉这些树皮，可预防病虫害的发生。

4 引缚时，让枝条向左右两侧扩展，并用塑料绳固定。用塑料绳固定时，要稍留空隙，防止支柱侧面擦伤枝条。

5 为了抑制树体向上延伸，充实向左右延伸的枝条，应把树势强旺的中心枝条在分枝处短截。

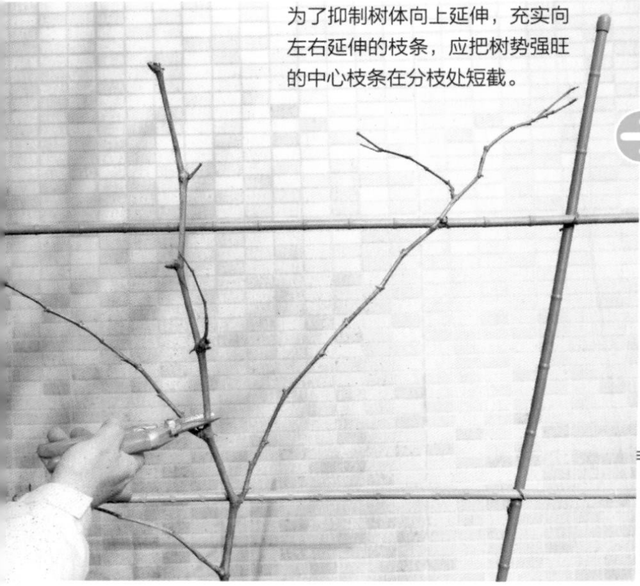

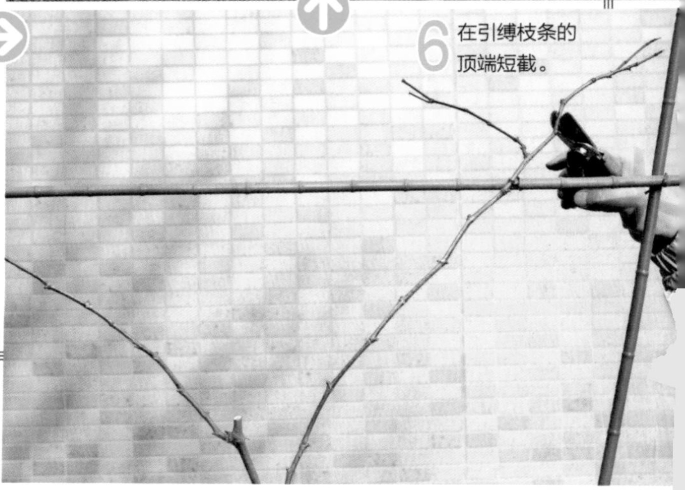

6 在引缚枝条的顶端短截。

7 篱壁形培养完成。枝条向左右伸开，便于结果。

桃、油桃

◉ 栽培资料

耐寒性 **耐热性** **耐阴性**

留果量…………20 片叶供应 1 个果

栽培适宜地区…日本东北中部以南的地区，风弱少雨的地区

授粉树…………多数品种都不需要，但是预备的话还是比较可靠的

童期……………庭院栽培：3 年。盆栽：3 年

◉ 栽培月历

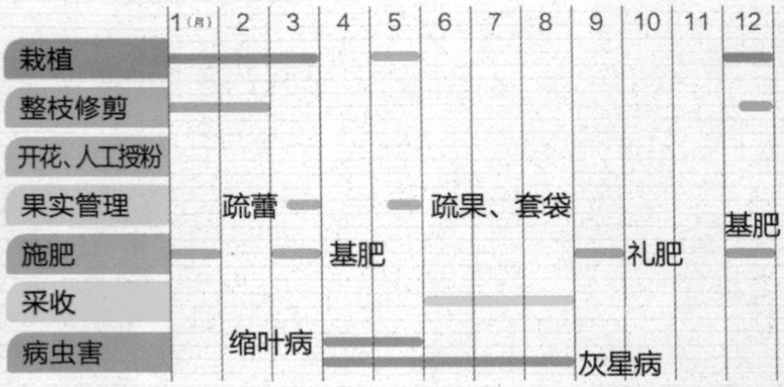

1(月) 2 3 4 5 6 7 8 9 10 11 12
栽植
整枝修剪
开花、人工授粉
果实管理
疏蕾
疏果、套袋
施肥
基肥
礼肥
基肥
采收
病虫害
缩叶病
灰星病

品种的选择方法

虽然1株树可以授粉结果，但是也可以给白桃等配置必要的授粉品种。最好选择1株树就能结果并且结果量大的拂晓或白凤。花粉量大的品种也适合作为授粉树。油桃最好选择费工较少的橙光、花顶等品种。

拂晓（桃）

橙光（油桃）

推荐的品种（特性与栽培要点）

● **桃**

拂晓	汁液丰富、丰产。耐贮性好
白凤	果实发软，略带酸味。比较容易栽培。耐贮性不怎么好
武井白凤	中等果个。花粉多，果实甜
白水蜜桃	果个大，味道好。几乎没有花粉，一定要配置授粉树
山根白桃	一定要配置授粉树。在白桃栽培中是最容易使人产生乐趣的品种
夕空	品质佳，耐贮藏。日本关东地区的代表品种
大久保	容易栽培。因为花粉量大，所以也用作授粉树

● **油桃**

橙光	酸甜适口。没有必要套袋，容易栽培
花顶	略酸，口味佳。没有必要套袋
秀峰	果个大，味道好。因为遇雨易裂果，所以一定要套袋
平琢红	略酸，口味佳。花粉量大，抗黑星病

1 栽植

➡12 月～来年 3 月

因为桃树开花早，所以温暖地区在 12 月左右栽植，且适于在排水性、通气性好的场所栽植。

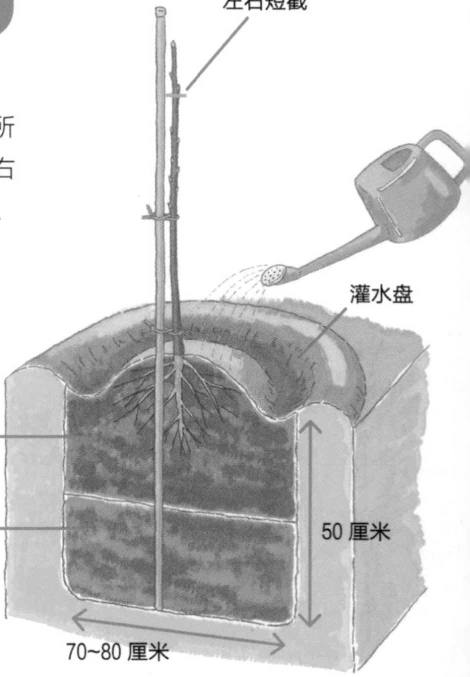

保留 60 厘米
左右短截
灌水盘
与腐叶土
混匀的土
腐叶土或与油
渣混匀的土
50 厘米
70~80 厘米

2 整枝修剪

➡12 月中旬～来年 2 月

果实的着生方式

从上一年生长的枝条顶端到枝条中部着生花芽（纯花芽），这些花芽开花结果。在从叶芽长成新梢的过程中，把 10~15 厘米长的枝条称为短果枝，20 厘米左右长的枝条称为中果枝，40~50 厘米长的枝条称为长果枝。与梅不同的是，中果枝或长果枝比短果枝能更好地结果。

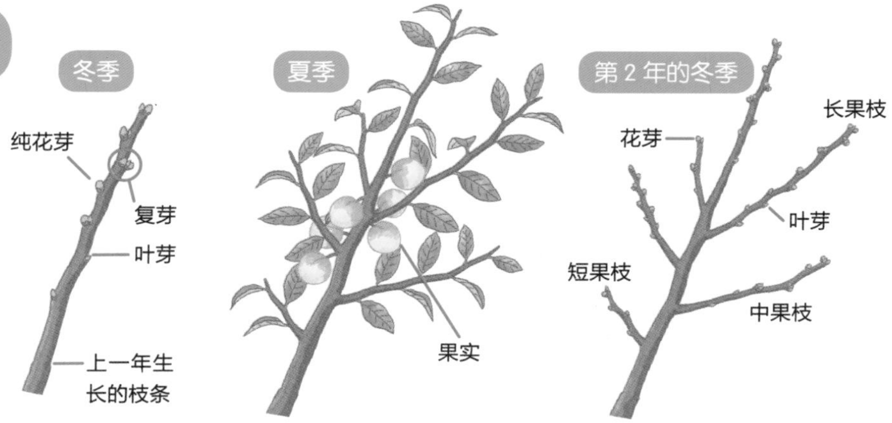

冬季
纯花芽
复芽
叶芽
上一年生长的枝条
夏季
果实
第 2 年的冬季
花芽
长果枝
叶芽
短果枝
中果枝

芽的着生方式与修剪

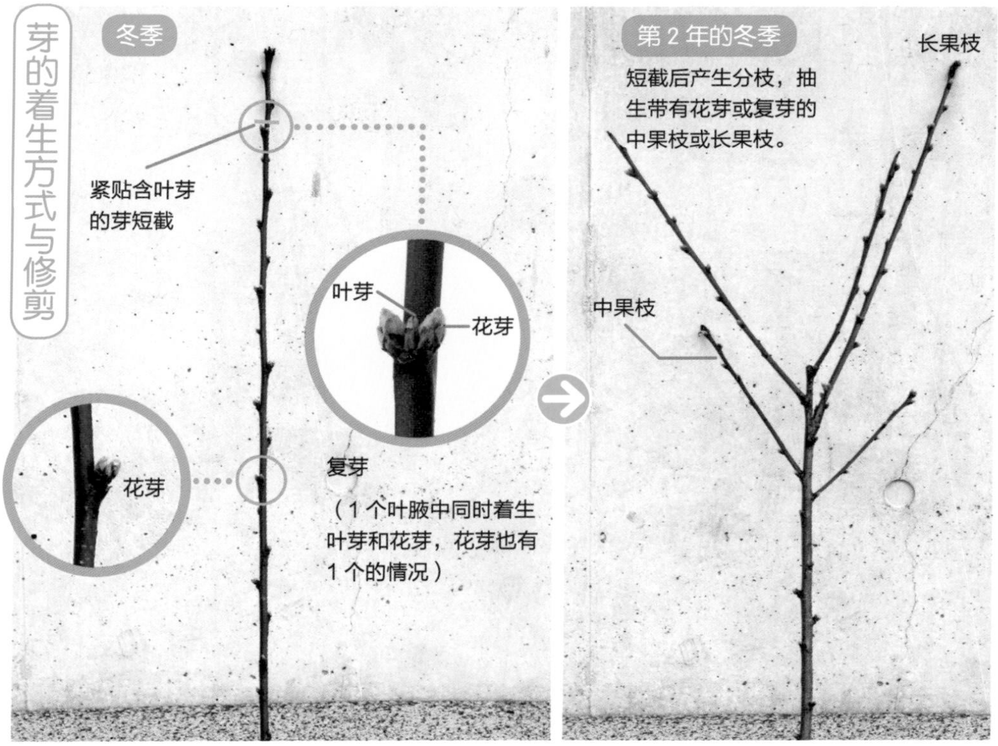

冬季
紧贴含叶芽的芽短截
叶芽
花芽
复芽
（1 个叶腋中同时着生叶芽和花芽，花芽也有 1 个的情况）
花芽
第 2 年的冬季
短截后产生分枝，抽生带有花芽或复芽的中果枝或长果枝。
长果枝
中果枝

培养方法

为了防止阳光照射不到树冠内部，造成下部枝条枯萎，要控制干高使其变短。培养 2~3 根主枝引缚成自然开心形。

修剪要点

与梅或杏不同的是，桃和油桃在长度为 15 厘米以上的中果枝或长果枝上着生大量充实的花芽，所以应通过修剪来调整中果枝或长果枝。

首先，冬季修剪的目的是调整整个树体的光照，疏除与其他枝条平行生长的平行枝、向内侧生长的内向枝、同一部位发出多根枝条的轮生枝等无用枝条。一定要注意，桃树 3 年生以上的枝条很难发出芽，所以一定不要疏除 1~2 年生的枝条。

留下的 1~2 年生枝条从顶端开始，在留有 3~4 个芽的叶芽处短截。要注意，只留花芽容易造成枝条枯萎。

解决树冠内部光照问题的修剪

修剪前

春季以来，枝叶茂盛生长，造成树冠内部光照恶化。从日照方向上考虑修剪，疏除无用枝条，使树冠整体都能接受阳光照射。

修剪后

没有无用枝条，树冠内堂光照得到改善。

疏除与主枝平行的枝条。

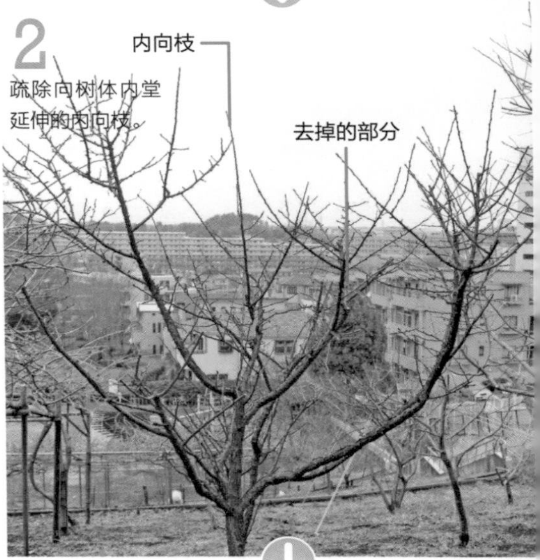

2 疏除向树体内堂延伸的内向枝。

3 回缩枝叶发出后阻挡内堂光照的枝条，剪口留在方向朝外的枝条处。

4 整理顶端附近交叉部分的枝条。疏除以内向枝、平行枝为主的枝条。

5 为了控制树高，以主枝顶端为基准，超过其高度的枝条也要疏除。

6 疏除后的状态。主枝上朝外生长的枝条为延长头。

专业技巧 提高坐果率

回缩顶端，生产优质果的树形

主枝顶端有竞争枝时，疏除内侧枝条，留下外侧枝条。在留下的枝条顶端 1/3 左右处短截，培养成生产优质果的树形。

1 因为 2 根枝条形成竞争，所以去掉内侧枝条，留下外侧枝条。在留下的枝条顶端 1/3 左右处短截。

2 在朝外的芽处剪切后，枝条朝外生长，形成生产优质果的树形。

3 开花、人工授粉

➡4 月

白桃等品种因为花粉量少而难以受精，所以必须进行人工授粉。采集大久保、拂晓或白凤等花粉量多的品种的花朵，直接进行授粉。花开 6~7 成时最好。

4 果实管理

➡3 月中下旬疏蕾，5 月中下旬疏果、套袋

●**疏蕾：** 开花前，在花蕾顶部露红时开始，采集朝上的花蕾，留下朝下的花蕾。

●**疏果：** 从开花约 4 周后的 5 月下旬开始，进行 2 次疏果。摘除朝上的果实或以小果为主的果实，长果枝留 2~3 个果、中果枝留 1~2 个果、3~5 根短果枝留 1 个果，以此为标准。按叶片数量的标准，需 20 片叶留 1 个果。

●**套袋：** 为了防止病虫害或遇雨裂果，在最终疏果后立即套袋。因为桃或油桃柄（果柄）短，难以将金属丝固定在柄部，所以需剪开袋口，将金属丝固定在枝条上（P95）。

第1次疏果

1 疏除朝上的果、小果、有伤的果。

2 因为朝上的果实生长差，所以要疏除。

3 去掉小果。

4 疏果后的状态。果实间距最终保持在 20 厘米左右为宜。

5 施肥

●**基肥：**桃、油桃都在12月~来年1月按1千克/株施入有机质肥料（配制A），3月按50克/株施入化学肥料。

●**礼肥：**桃、油桃都在9月左右按50克/株施入化学肥料，作为礼肥。过早施入的话，因为营养促使枝条生长，难以着生花芽，所以一定要在着生花芽后施入。

6 采收

➡6~8月

为了促进果皮上色，要在采收前1周左右脱袋，接受阳光照射。味道变得香甜、果皮着红色后，就是采收时期。担心病虫为害的话，带袋采收也可以。

7 病虫害

●**缩叶病：**春季、低温多雨时易发。叶片上鼓起红色病斑，引起落叶。应去除发病的部分。

●**灰星病：**开花期引起花腐，采收期引起果实腐烂。可通过套袋预防。

请教 小林老师

Q 出现横向生长的果实，是得病了吗？

A 一般认为是“裂核”。裂核，是因为桃核在硬化前果实膨大，引起桃核在果实内裂开。即使没有横向膨大，也会出现果皮破裂。因为桃果实在短期内迅速膨大，极易引起裂核，尤其是早熟品种一定要注意。

采取不过度疏果、不过度供水、少供应氮素肥料等措施，可防止该现象发生。

盆栽要点

从春季到夏季，为了不因强风折伤枝条，要采取防风措施

盆栽栽培方法与庭院栽培的相同。按照1根枝条1个果实的标准，1株培育3~5个果实。从春季到夏季，因为遭遇强风易发生病害，所以需通过移盆等避风。

盆的大小 选择7号以上的盆栽植。因为容易盘根，所以一定要2年上盆1次。

培养土 将赤玉土与腐叶土按照1:1的比例混匀，作为培养土栽植。分别在12月~来年1月和8月施入几粒玉肥。

水分管理 7~8月，每天浇足2次水。除此以外的时期，土壤干燥时进行灌水。春季与秋季，每月浇4~5次；冬季，每月浇1~2次就可以了。

徒长枝的修剪

1
枝条间隔过小，所有的枝条都会徒长。

考虑到光照，应将外侧的枝条剪低
2
在每根枝条向外生长的叶芽上方回缩。

李子

◉ 栽培资料

耐寒性 ●●●　**耐热性** ●●●　**耐阴性** ●●●

留果量…………10~15 片叶供应 1 个果

栽培适宜地区…在日本全国都可以栽培，但更适于早春没有晚霜、夏季少雨的区域

授粉树…………日本李和欧洲李的部分品种需要

童期……………庭院栽培：3~4 年。盆栽：3~4 年

◉ 栽培月历

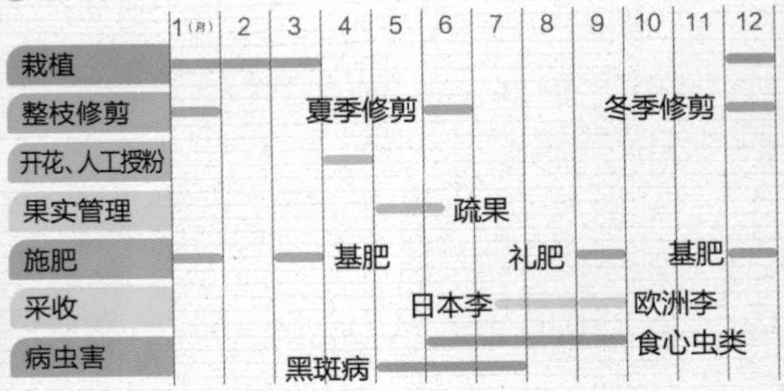

品种的选择方法

有日本李和欧洲李两类。因为日本李多数不能自花结果，所以需要授粉树。家庭栽培的话，1株树结果最好选择美丽或圣罗莎等。欧洲李即使1株树也能结较多的果实。此外，也可以用桃、梅、杏的花粉授粉。

亲和性好的组合

○ 从美丽、圣罗莎、苏达木、大石早生中任选 2 个品种

亲和性不好的组合

✕ 米星 × 美丽、苏达木

美丽

推荐的品种（特性与栽培要点）

● 日本李

美丽	中果。果肉软，汁甜。单株也能结果。花粉量大，主要用作授粉树
圣罗莎	中果。果肉软，汁甜。单株也能结果。栽培容易
米星	小果。完全成熟后没有酸味。单株结果良好，主要用于家庭栽培。不用作授粉树
苏达木	大果。果肉红色，果实耐贮。需要授粉树
好莱坞	中果。有漂亮的红叶，也作为观赏栽培。主要用作授粉树
大石早生	中果。丰产、抗病。适于温暖的地方。需要授粉树
大石中生	大果。果实浓甜。用圣罗莎作为授粉树，结果较好

● 欧洲李

糖李	中果。甜味浓，风味好。单株也能结果
太阳李	小果。单株也能结果，但有授粉树的话，能够提高产量
斯坦雷李	中果。结果量大。风味好，但是成熟前就采收则酸味浓。单株也能结果，有授粉树的话更好

1 栽 植

➡12 月 ~ 来年 3 月

在落叶期栽植，但因为开花早，所以温暖的地方在较早的 12 月左右栽植也可以。应选择排水良好而有保水性的地方栽植。

2 整枝修剪

➡12 月 ~ 来年 1 月、6 月

果实的着生方式

枝条侧面着生花芽（纯花芽）和叶芽，由这些花芽开花、结果。2 年生枝条的侧面长有 3~10 厘米长的短果枝，花芽无间隙紧密排列、长度在 3 厘米以下的花束状短果枝，其上能结大量果实。1 年生枝条结果不多。

培养方法与修剪要点

树姿直立的欧洲李、直立性不怎么强的日本李，都能培养成容易管理的自然开心形（P28）。也可以培养成树高较低的棚架。枝条开张的苏达木等品种，通过回缩修剪，发出较多枝条，就能形成花芽了。直立性强的洋李等品种，可在幼树期疏除背上抽生的无用枝条，将主枝横向引缚培养树形。

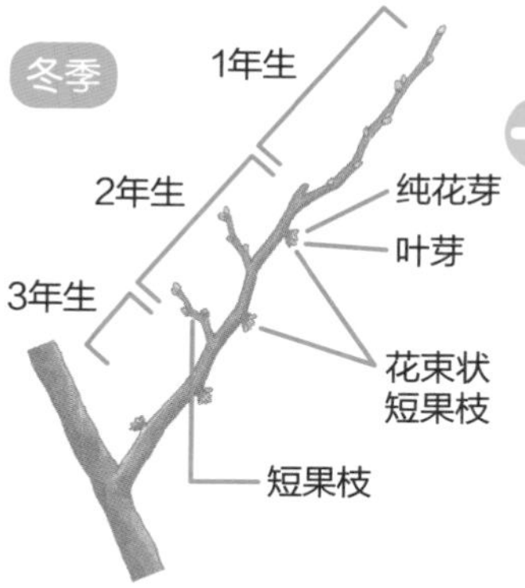
冬季
1年生
2年生
3年生
纯花芽
叶芽
花束状
短果枝
短果枝

夏季
花束状短果枝
结有大量果实

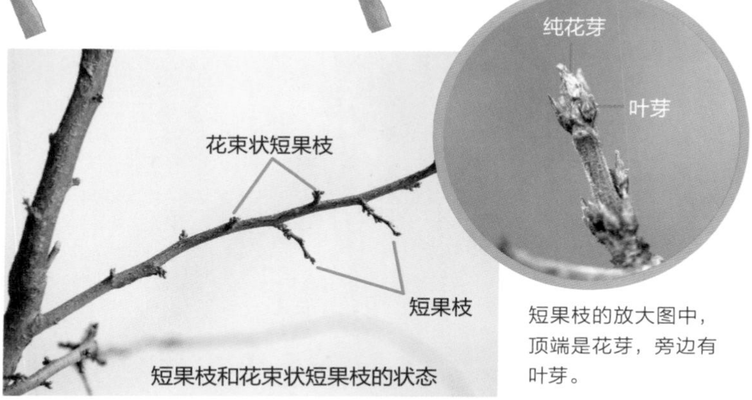
花束状短果枝
短果枝
纯花芽
叶芽

短果枝和花束状短果枝的状态

短果枝的放大图中，顶端是花芽，旁边有叶芽。

◎ 夏季修剪

疏除遮挡树体内堂光照的徒长枝、交叉枝，并且回缩冗长枝条，整理树形，促进抽生第 2 年的短果枝。

疏除徒长枝条

徒长枝

1 疏除导致内堂光照恶化的直立的徒长枝。

光照得到改善的部分
去掉的部分

2 修剪后的状态。内堂光照得到改善。

短截冗长枝条

冒出的枝条
枝条冒出导致交叉的部分

1 因为生长的枝条横向冒出而扰乱树形，所以在大约 1/3 处短截。

短截的部分

2 修剪后的状态。短截后，第 2 年容易抽生短果枝。

◉ 冬季修剪

疏除无用的枝条，改善树体内堂的光照，为有用的枝条提供充足的营养。同时，在留下的枝条前端短截，使其更容易抽生短果枝或花束状短果枝。

南
太阳光照
考虑到光照，需要整理无用枝条
直立枝伸长，导致枝条交叉。考虑到整体的平衡与光照，需要整理无用枝条。
F
B
E
A
C
D
修剪前

整理无用枝条。为了光照应缩短东南侧的主枝，降低这部分枝条的高度。
东南侧主枝
修剪后

1 疏除朝向Ⓐ部分内侧的枝条。

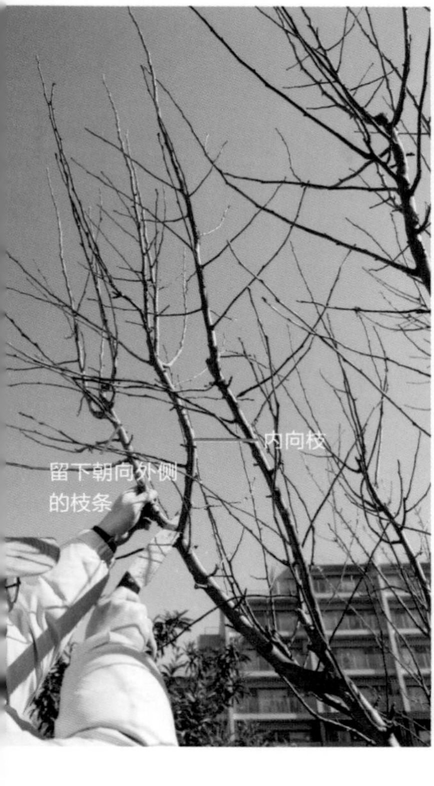

内向枝
留下朝向外侧的枝条

2 整理Ⓑ部分的平行枝，疏除朝向内侧的枝条。

平行枝

3 整理Ⓒ部分的平行枝，疏除朝向内侧的枝条。

平行枝

专业技巧 增加产果量

短截新梢，促发短果枝

新梢（1 年生枝条）上着生的花芽难以结果，并且强旺的新梢放任不管的话，第 2 年难以着生好花芽。

通过冬季修剪，在新梢前端 1/3 左右处短截，能够促进发生大量的短果枝。

4 在Ⓓ同一部位抽生的枝条，疏除朝向内侧的枝条。

5 整理呈扫帚状生长交叉的Ⓔ部分。疏除生长过旺的直立枝。

6 也要疏除Ⓕ部分生长过旺的枝条。在留下的主枝前端短截。

3 开花、人工授粉 ➡4 月

日本李的多数品种与欧洲李的部分品种，因为不能进行自花授粉，所以要在附近栽植授粉树，或者进行人工授粉。栽植授粉树或进行人工授粉的话，所结的果实生长良好。也能用梅、杏等的花粉授粉。人工授粉就是采集授粉树的花药，在需要结果的花的雌蕊上轻轻摩擦，使其授粉。也可以将花粉收集到容器中，以毛笔点授的方法授粉（P94）。

糖李的花

大石早生的花

4 果实管理 ➡5~6 月

疏果

开花后 40~50 天，果实发育到拇指大小，为了防止结果过多而进行第 1 次疏果，摘除生长较差的果实等。半个月后进行第 2 次疏果，通过相同的要领将果实减少到适当的数量。

操作前
结有大量果实，任其生长的话，会造成果实营养不足，生长变差。

1 第 1 次疏果。疏除以横向生长的、小的、伤果为主的果实。

2 第 1 次疏果半个月后的状态。因为果实变大，所以要采用与第 1 次相同的要领，进行第 2 次疏果。

操作后
10 厘米
10 厘米
10 厘米
3 最终形成大果品种间隔 10 厘米、中果品种间隔 8 厘米、小果品种间隔 5~6 厘米的状态。

5 施 肥

●**基肥：**12 月～来年 1 月按照 1 千克 / 株的标准施入有机质肥料（配制 A），3 月按照 100 克 / 株的标准施入化学肥料。

●**礼肥：**为了贮藏第 2 年生长发育所需的养分，9 月按照 50 克 / 株的标准施入速效性化学肥料。

6 采 收

➡7 月中旬～8 月采收日本李、9 月采收欧洲李

因为在果实完全成熟前采收会使酸味过浓，所以最好等到果实上色变软后采收。开始上色后，最好搭建防鸟网。在树上完全成熟的果实，相比市场上销售的完全成熟前采收经过后熟的果实，具有独特的味道。

7 病虫害

●**黑斑病：**5~7 月发生，叶片、枝条、果实上出现黑色斑点，导致腐败、裂果。应去除发病部位并烧毁。

●**食心虫类（螟蛾类的幼虫）：**为害新芽与果实。套袋可以预防害虫侵入果实。

请教 小林老师

Q 枝条前端开始枯萎，是病了吗？

A 大概是土壤板结、保水性变差了。土壤板结后，根系窒息，吸收水分与养分不足，枝条前端开始枯萎，就容易被病害侵染。

这时，应给土壤施入腐叶土与堆肥等有机物料，以及适量的苦土石灰等，翻耕使其通气。得不到改善时，也可以采取移栽的方法。

盆栽要点

开花时盆栽不能遭受低温侵害

一般情况下，盆栽的栽培方法与庭院栽培的相同。应选择光照好的地方，若在开花时期遭受低温侵害，坐果会变差。因此在开花时期，为了防寒，最好将盆栽搬入室内。

4 年生苏达木标准树形的培养

标准树形的培养

疏除交叉枝等无用的枝条，在新梢前端短截。大约在第 3 年就能抽生短果枝。

盆的大小 栽植于 8~10 号盆。

培养土 用赤玉土与腐叶土按 1:1 的比例混匀的培养土。12 月～来年 1 月与 8 月，分别施入几粒玉肥。

水分管理 土壤表面干燥时，就要灌水。一般夏季早上与傍晚 1 天 2 次，春秋季 1 天 1 次，冬季 1 个月 4~5 次。

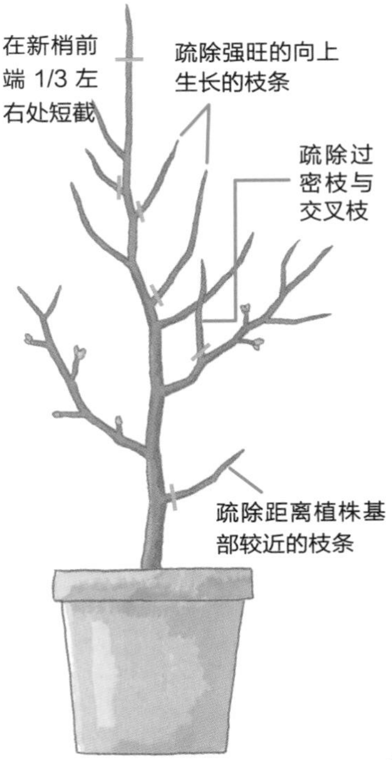
在新梢前端 1/3 左右处短截
疏除强旺的向上生长的枝条
疏除过密枝与交叉枝
疏除距离植株基部较近的枝条

樱桃

◉ 栽培资料

耐寒性　　耐热性　　耐阴性

留果量…………4~5 片叶供应 1 个果

栽培适宜地区…果实成熟的 7 月少雨凉爽的日本、东北中部以北、长野、山形、山梨、青森、北海道等地

授粉树…………需要

童期……………庭院栽培：4~5 年。盆栽：2~3 年

◉ 栽培月历

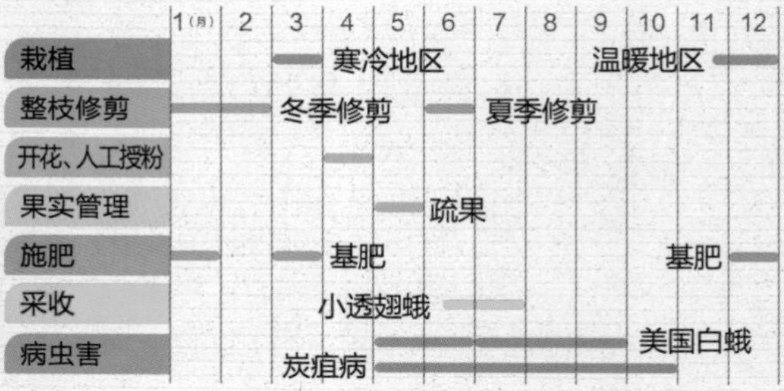

品种的选择方法

因为几乎所有的品种都不能用自己的花粉授粉，所以要以不同品种作为授粉树一起栽植。

但是，因为也有授粉亲和性差而不结果的品种，所以要栽植授粉亲和性好的品种。

亲和性好的组合

○
佐藤锦 × 高砂 拿破仑
香夏锦 × 佐藤锦 拿破仑
红秀峰 × 佐藤锦 拿破仑

亲和性差的组合

✕
佐藤锦 × 南阳

推荐的品种（特性与栽培要点）	
佐藤锦	受欢迎的品种。色泽鲜艳，果肉与果汁均多，味道好。树势强旺，枝条容易朝上生长
香夏锦	轻微生理落果，是即使在温暖地区也能生产优质果的早熟品种。果汁多、微酸
高砂	受欢迎度高的优质品种。比佐藤锦稍酸，果肉与果汁均多。适宜温暖地区栽培
南阳	甜味浓的大果品种。树势强旺，枝条开张
拿破仑	酸味稍浓，但香味浓郁、果肉果汁也多。栽培容易，坐果好
红秀峰	与佐藤锦一样味道好。易坐果，产量大
暖地樱桃	即使 1 株树也能结果。抗病性强，容易栽培。适宜温暖地区栽培

1 栽 植

➡12 月 ~ 来年 3 月

在日本关东以南温暖的地区 11 月下旬 ~12 月栽植，在寒冷地区早春 3 月栽植。

❶ 挖直径 40 厘米、深 40 厘米左右的栽植坑，挖出的土与腐叶土混匀。

❷将❶的一半土与油渣和牛粪混匀，先行回填。

❸ 剩下的一半土，栽植苗木。

❹ 立支柱、固定苗木，在苗木 60~70 厘米高处短截。

❺ 制作灌水盘，灌足水。

2 整枝修剪

➡6 月 夏季修剪、1~2 月 冬季修剪

果实的着生方式

新梢基部着生花芽（纯花芽），第 2 年花芽开花结果。花芽附近的叶芽会形成有数个花芽的短果枝，第 3 年开花、结果。短果枝也有枝条几乎不伸长、只着生花芽的花束状短果枝。

对枝条前端的叶芽形成的新梢进行短截，以促发大量的短果枝。

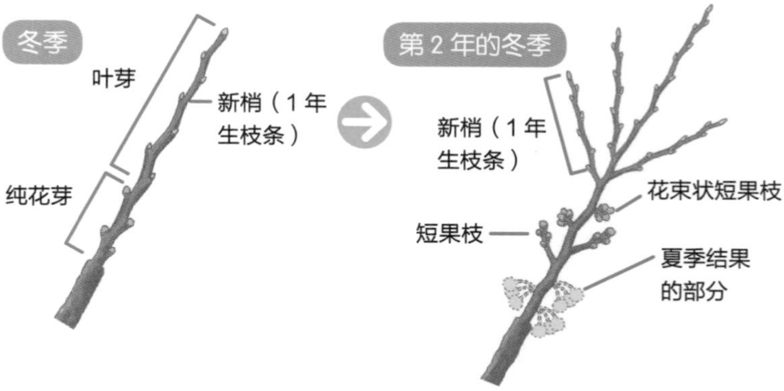

顶端着生充实的花芽，能够生产优质果。

顶端着生大量叶芽，会因叶芽生长吸取营养，导致旁边的花芽几乎不生长。

培养方法

因为枝条容易朝上生长，所以能够培养成自然开心形和控制树高的小型树形，也可以培养成篱壁形或扇形。扇形的培养是将主枝水平引缚，在主枝上抽生的新梢前端短截，促发短果枝。

立 3 根支柱，将主枝左右拉开引缚，可抑制树势并着生大量花芽。

扇形的培养

第 1 年的冬季

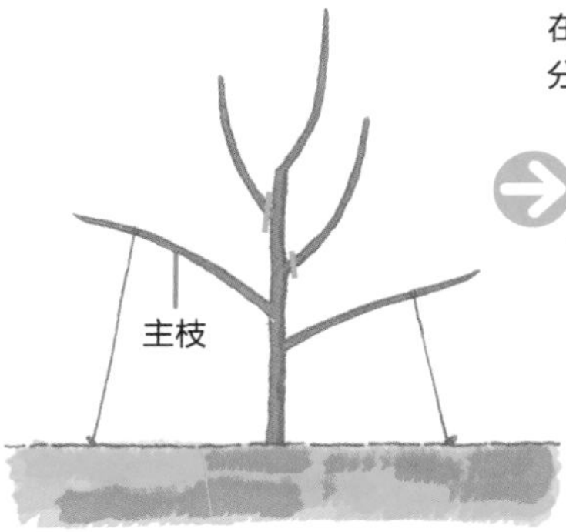

将主枝水平引缚，疏除多余枝条。

第 2 年的冬季

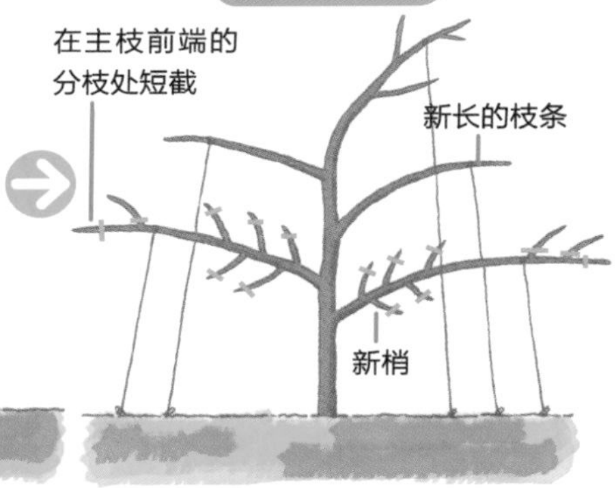

将新长的枝条与上一年一样引缚。为了着生短果枝，对第 2 年的主枝上抽生的新梢前端进行短截。

第 3 年的冬季

从上一年短截的枝条上抽生的短果枝，下一年结果。对第 2 年引缚的枝条上抽生的新梢前端进行短截。

第 4 年的冬季

第 2 年引缚的枝条也能着生短果枝。若主干过高，最好通过回缩控制树高。

修剪要点

◎ 夏季修剪

疏除树体内堂发出的徒长枝及植株基部的萌蘖，改善通风透光条件。

1 枝条徒长密挤，通风透光条件恶化。

2 从基部疏除萌蘖。

3 疏除后的状态。

4 因为疏除内堂的徒长枝与萌蘖，光照得到改善。

专业技巧 提早结果

短截新梢，提早1年发出短果枝

短果枝通常由2年生枝条抽生，但是6月短截长势好的50厘米以上的新梢（1年生枝条）后，8月从新梢上抽生短果枝，短果枝抽生时间缩短1年。

1 50厘米以上的新梢在6月短截。

2 在枝条前端1/3左右向外生长的叶芽上方短截。

3 通过短截，8月新梢下部抽生短果枝。

改善内堂光照

因为枝条放任生长后密挤，所以要疏除无用的枝条。

对外侧生长的枝条，留朝外的芽修剪。所有的枝条光照得到改善。

◎ 冬季修剪

疏除内向枝、徒长枝等无用的枝条，是整理树形的基础。

樱桃树因为易从剪口部位枯死，所以要避免对过粗的枝条进行修剪。因为短果枝结果 2~3 年后难以形成花芽，所以如果有这样的短果枝要从基部疏除，以促发新的短果枝。

操作 1　整理枝条顶端

1 为了改善光照，需疏除平行枝、交叉枝、内向枝等多余的枝条。

2 疏除后的状态。用同样的方法疏除无用的枝条。

操作 2　整理枝条顶端

1 顶端密挤时，疏除朝向内侧的枝条。在留下的枝条前端保留向外生长的芽并进行短截。

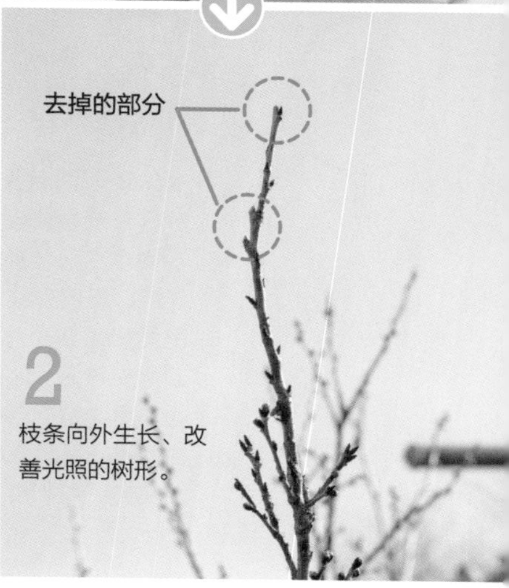

2 枝条向外生长、改善光照的树形。

专业技巧

增加产果量

短截新梢，增加短果枝

长势强旺的新梢放任不管后，春季只有顶端附近的叶芽生长，不会抽生短果枝。因此，冬季修剪要在新梢前端 1/4 处短截，以在下一年促发短果枝。

1 新梢生长了，但放任不管的话难以抽生短果枝。2 年生枝条上抽生大量的短果枝。

2 在新梢前端 1/4 处，紧贴叶芽短截。

3 短截后，下一年抽生短果枝。

请教 小林老师

Q 进行修剪后，不开花，但叶片很茂盛。为什么呢？

A 虽然修剪了，但是叶片茂盛，原因是肥料供应过量。特别是春季施肥过量后新梢生长过旺，不能形成花芽，留下的氮素也会成为果实膨大期裂果的原因。油渣或鸡粪等含有氮素的肥料会促进枝叶生长、花芽着生恶化，所以对幼树不要供应过量。

3 开花、人工授粉

➡ 4 月

必须与亲和性好的其他品种一起栽植。

确定要进行人工授粉的话，选择温暖的晴天，在半开时和完全开放时授粉 2 次。可用蘸取授粉树花粉的毛笔前端为雌蕊授粉；采集授粉树的花，直接摩擦雌蕊也可以。

4 果实管理

➡5月

果实过多时，根据4~5片叶供应1个果实的标准进行疏果，调节果实数量。

梅雨时，为了防止裂果，最好搭建防雨设施。

5 施肥

●**基肥：** 12月～来年1月按照1千克/株施入有机质肥料（配制A），3月按照150克/株施入化学肥料。

6 采收

➡11月

开花后40~50天就可以采收。果实着色后，用手指捏住果柄（柄部）的基部采收。为了防止鸟害，最好搭建防鸟网。

7 病虫害

●**小透翅蛾：** 幼虫钻在树皮下为害。受害严重时，树体会出现枯萎现象。树液与虫粪混在一起时，可剥掉受害树皮，捕杀幼虫。

●**美国白蛾：** 幼虫取食叶片。为害后，会在叶片上大量发生，一经发现应立刻摘掉受害叶片。

●**炭疽病：** 雨多的6~7月，特别是9~10月容易发生。枝叶或果实上会出现疮痂样的斑。一旦发现染病部位，就立即摘除。

●**螨类：** 在叶片或其背面吸取树液，导致树势衰弱。因为发生量大，所以应摘除受害部位或用加压水枪进行喷打。

专业技巧 增大果个

疏除过多的果实，以提高品质

樱桃多数结果都稠密，稠密的果实任其成熟后，每个果实都小。疏掉稠密部分的果实，这样留下的果实就能变大，就可以收获品质好的果实。

1 一个地方结4~5个果实，非常稠密。

2 摘掉小果、伤果、形状差的果实。

3 一个地方留2~3个果。

盆栽要点

果实成熟期要进行避雨培育

盆栽的栽培方法与庭院栽培的相同。最好与需要的授粉树一起栽植。因为抗雨能力差，特别是果实成熟期不能遇雨，所以要根据天气情况勤移动盆。

盆的大小 栽植于6~8号盆。地上部分在与盆的高度相同长度处短截，2年进行1次上盆。

培养土 赤玉土与腐叶土按照1:1的比例混匀，再加入少量苦土石灰配成培养土。12月～来年1月，在盆边压入数粒玉肥。

水分管理 果实着色前供水要充足，从果实着色到采收要保持干燥。夏季天气干燥会导致叶片枯萎，也一定要注意供水。

柿子

◉ 栽培资料

耐寒性 ●●● **耐热性** ●●● **耐阴性** ●●●

留果量…………20~25 片叶供应 1 个果

栽培适宜地区…甜柿适宜日本关东地区以西，涩柿适宜日本东北地区以南的地方

授粉树…………因品种而定

童期……………庭院栽培：4~5 年。盆栽：3~4 年

◉ 栽培月历

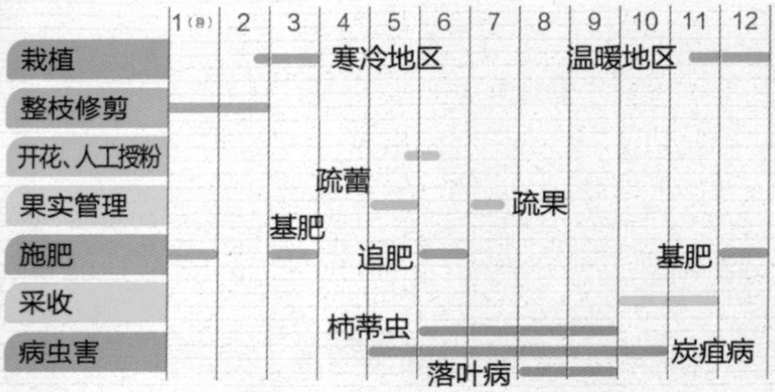

1(月) 2 3 4 5 6 7 8 9 10 11 12
栽植
寒冷地区
温暖地区
整枝修剪
开花、人工授粉
疏蕾
果实管理
疏果
基肥
施肥
追肥
基肥
采收
柿蒂虫
病虫害
炭疽病
落叶病

品种的选择方法

柿子分为甜柿和涩柿。甜柿又分为涩味极少的完全甜柿和未经授粉、涩味残留的不完全甜柿。

柿子有着生花粉的雄花和结果实的雌花之分。多数品种没有雄花，但即使没有授粉，也能进行单株结果。

然而，甜柿单株结果有点难，所以要在其旁边栽植授粉树或进行人工授粉来确保产量。

推荐的品种（特性与栽培要点）

● **完全甜柿**（自小就是甜的）

富有	完全甜柿的代表品种。果肉甜味浓。最好有授粉树
次郎	果肉紧实甜味浓，顶部扁平易裂果
谏早	果肉紧密，果个大。采收前易落果
太秋	果个大，耐贮。因为枝条易折，一定要注意
新秋	果个大、味甜。有轻微生理落果

● **不完全甜柿**（完全授粉后形成接近甜柿的果实）

西村早生	进行人工授粉后脱涩。可用作授粉树
禅寺丸	肉质粗，甜味浓。雄花多，可用作授粉树

● **涩柿**

蜂屋	涩柿的代表品种。制干柿子的专用品种，快速干燥能制成品质上乘的干柿
平核无	果实呈扁平的方形。制作干柿用。不需要授粉树

1 栽植 ➡ 11 月中旬 ~12 月、2 月下旬 ~3 月

温暖地区 11 月中旬 ~12 月栽植，寒冷地区 2 月下旬 ~3 月栽植。选择光照好的场所。

❶ 挖直径为 40 厘米、深 40 厘米左右的栽植坑，挖出的土与腐叶土混匀。

❷ ❶的一半土与油渣和牛粪混匀后回填。

❸ ❶剩下的一半土，用于栽植苗木，最后灌足水。

蜂屋

禅寺丸

2 整枝修剪

➡1~2 月

果实的着生方式

8 月左右，在新梢顶端往下 2~3 个芽着生花芽（混合花芽）。下一年春季由花芽抽生新梢，并开花结果。结果实的枝条，下一年不能着生花芽，不能结果。

因为花芽着生在顶端附近，所以一定要注意，通过修剪，在上一年抽生的枝条顶端进行短截。

冬季
混合花芽
新梢
叶芽
夏季
果实
新梢

新梢顶端
花芽

培养方法

因为柿子树体本身较高，所以一般培养成主枝开张、控制高度的自然开心形（P28）。从主干上抽生 3 根左右的主枝，再从主枝上抽生次主枝、从次主枝上抽生侧枝，进行平衡配置。

短截枝条顶端，促发新枝，疏除无用枝条，这些操作一直持续到第 3 年。到能够结果的第 4 年以后，不再短截结果的枝条。

自然开心形的培养
主干与主枝、次主枝、侧枝平衡配置。
侧枝
次主枝
主枝
主干
60~90 厘米

无用枝的修剪

修剪要点

通过冬季修剪，疏除交叉枝、内向枝、平行枝等无用的枝条，为要结果的枝条提供充足的养分。并且，短截主枝顶端，让树体向外侧扩展。

操作① 疏除轮生枝或平行枝

轮生枝的枝条间会相互争夺养分，因此要疏除一侧的枝条。平行枝任其生长的话，相互间会阻碍生长，所以要疏除一侧的枝条。应先考虑到轮生枝、平行枝与其他枝条之间的平衡，再决定应该疏除的枝条。

操作② 疏除内向枝

朝向内侧生长的内向枝，会使树体内部的光照与通风恶化，所以要从基部疏除。

操作③ 疏除下垂枝

因为向下生长的下垂枝长势差，所以应从基部疏除。

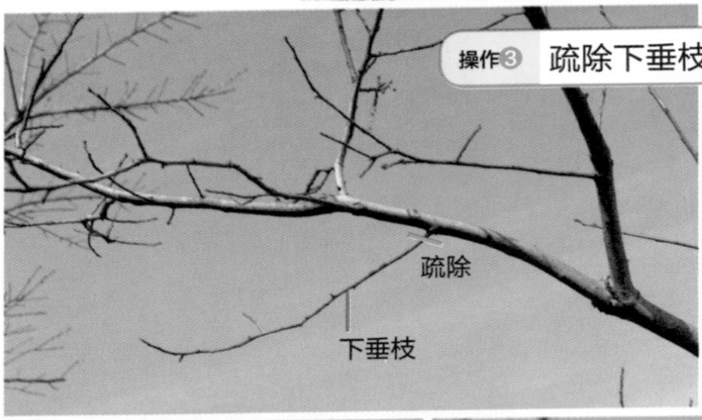

操作④ 疏除交叉枝

因为交叉的枝条会相互间影响生长，所以疏除枝条朝向不合理的一方。

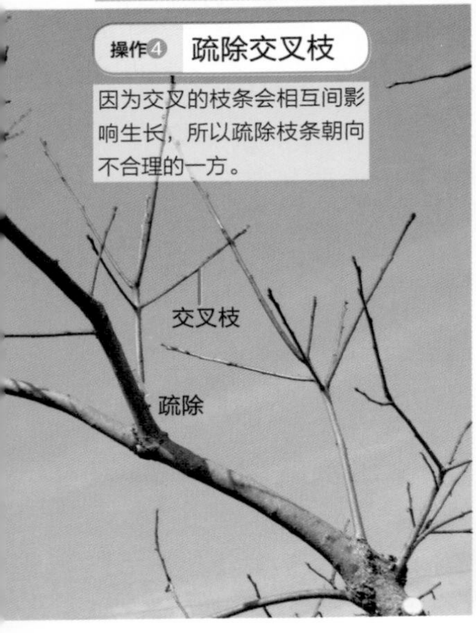

操作⑤ 疏除直立枝

枝条朝上生长、长势过旺的直立枝，因为会与其他枝条或花芽争夺养分，所以要疏除。

操作⑥ 疏除根蘖

从植株基部发出的根蘖从近地面处疏除。

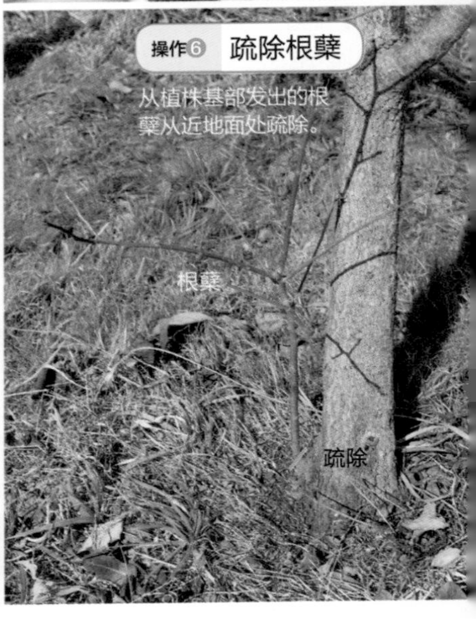

主枝顶端的修剪

1 为了保持主枝顶端朝上生长的优势，疏除下垂枝。

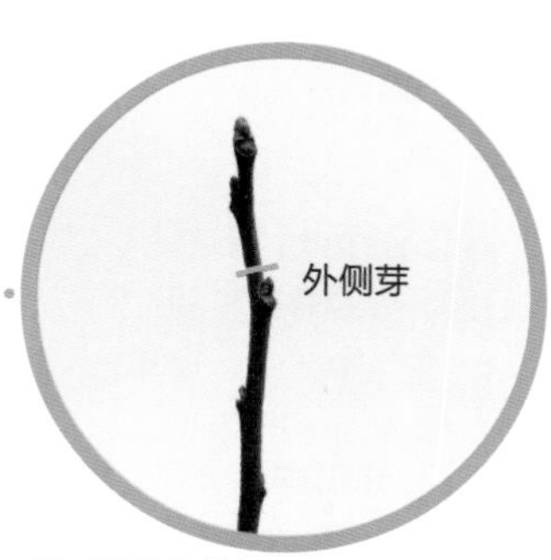

2 留下的枝条，在向树体外侧生长的外侧芽上方短截。

专业技巧 增加产果量

短截结过果实的枝条，使其产量翻倍

结过果实的枝条，下一年很难结果。因此，通过修剪，在结过果实的枝条顶端短截，可促发大量着生花芽的新梢。于是，下一年会从那些花芽抽生的结果枝结果，使下一年的产量猛增。

在结过果实的枝条顶端短截，促发着生花芽的新梢。结过果实的枝条上有果台。

没有果台的枝条。因为今年要结果，所以不要短截，任其生长。

没有短截

结过果实的结果枝不再伸长、不再着生花芽。

短截

因为新梢上有花芽，所以下一年结果枝伸长、开花、结果。

请教 小林老师

Q 隔一年结果，为什么?

A 柿子结果过多，树体营养不足，就不着生花芽，形成下一年难以结果的隔年结果现象。

要想获得稳定产量，重要的是每年结果不能过多，要进行疏蕾、疏果。通过疏蕾，减少每根结果枝上花蕾的数量。生理落果后进行疏果，使其达到 20~25 片叶供应 1 个果，可以有效防止隔年结果现象出现。

专业技巧 提高坐果率

从主枝开始整理是树形改造的重点

树形过大、紊乱的树，一看就觉得很难修剪。先整理主枝，再进行密挤枝与无用枝的修剪，按照这种顺序就能很好地改造树形。

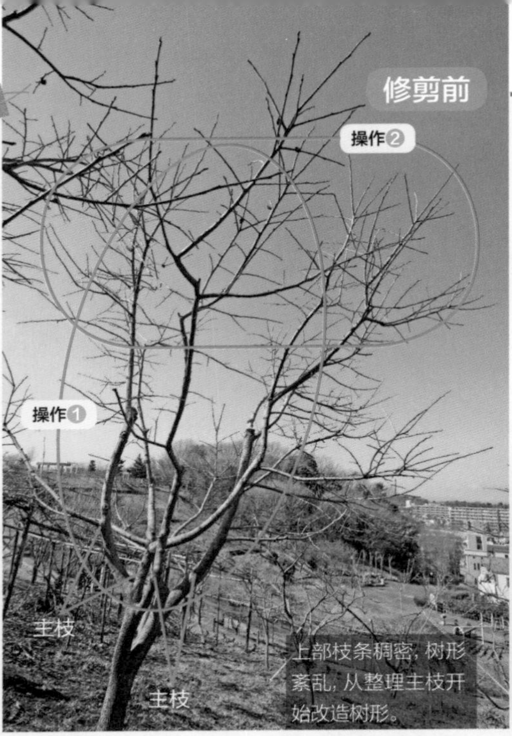

上部枝条稠密，树形紊乱，从整理主枝开始改造树形。

以主枝为中心，调整枝条平衡，利于生长。剪掉上部的密挤枝、无用枝，整理树形。

操作1 整理主枝

1 因为主枝在中部分枝，故留下向外延伸的，疏除其余的。

2 剪后的状态。

3 用同样的方法留下向外延伸的枝条，疏除其余的。

4 整理主枝后的状态。

操作② 整理上部无用枝

交叉枝
1
疏除从上部枝条抽生的交叉枝、密挤枝。

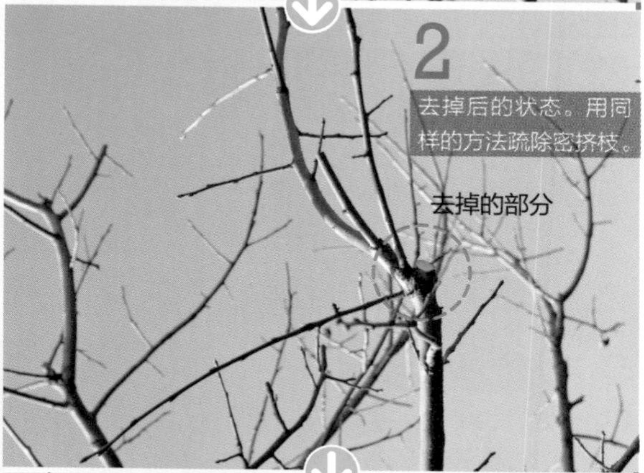
2
去掉后的状态。用同样的方法疏除密挤枝。
去掉的部分

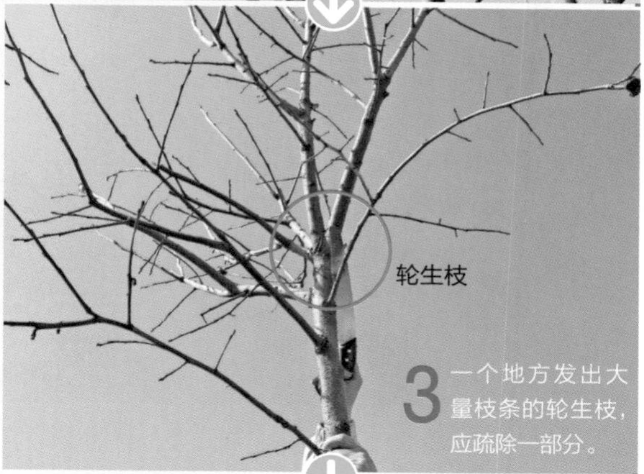
轮生枝
3
一个地方发出大量枝条的轮生枝，应疏除一部分。

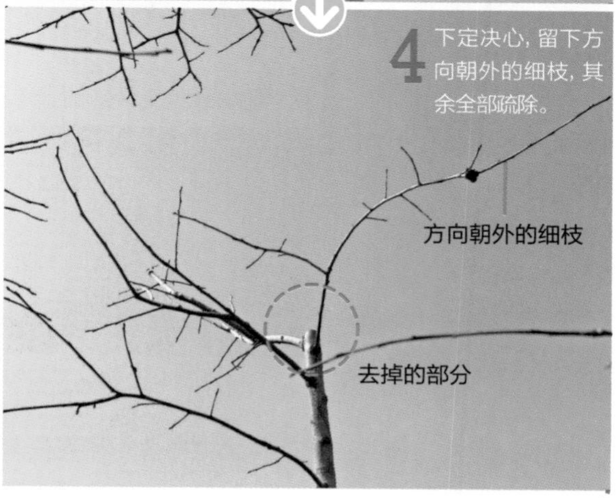
4
下定决心，留下方向朝外的细枝，其余全部疏除。
方向朝外的细枝
去掉的部分

3 开花、人工授粉

➡5 月下旬 ~6 月上旬

柿子多数品种不用授粉，1 株树也可以结果。长势差的果实自然脱落被称为生理落果，为了减少生理落果，或针对没有雄花的品种，就要进行人工授粉。西村早生等不完全甜柿的一部分品种，在人工授粉后也不能脱涩的情况也有。人工授粉在开花后 3 天内进行。

1 摘取雄花，轻轻揉一下让花粉粘在指甲上。

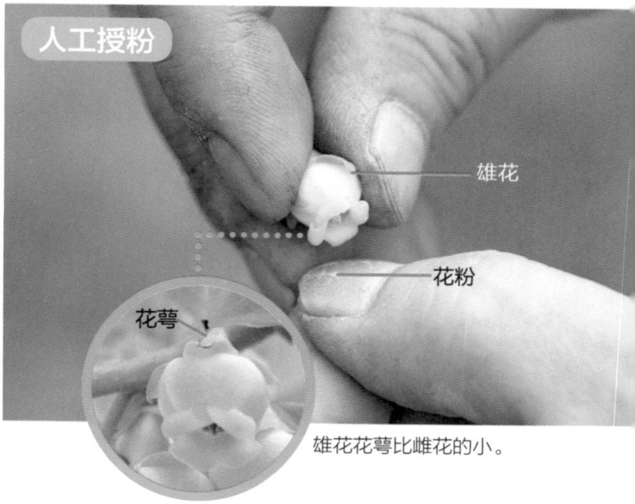
人工授粉
雄花
花粉
花萼

雄花花萼比雌花的小。

2 将指甲上的花粉粘在雌花雌蕊上。也可采用用笔尖直接蘸取雄花的花粉进行授粉的方法。

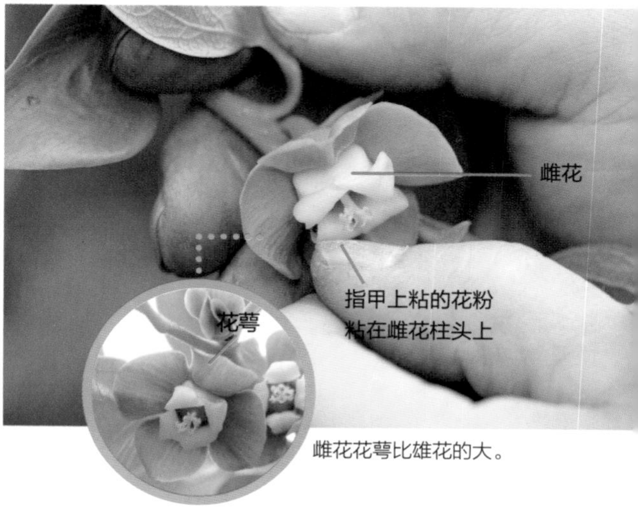
雌花
指甲上粘的花粉粘在雌花柱头上
花萼

雌花花萼比雄花的大。

4 果实管理

➡ 5 月疏蕾、
7 月上中旬疏果

疏蕾

因为开花过多会增加树体负担，5 月花蕾膨大时应进行疏蕾。1 根枝条上有 2 朵花时，留 1 朵，有 3 朵花时留 1~2 朵，有 4 朵花时留 2 朵，以此为准进行疏除。应注意疏除朝上的或长势差的花蕾。

疏果

7月上中旬进行疏果,以减少果实数量。优先疏除长势差的果实、伤果、5 片叶以下枝条上的果实等。留下下部长得大的、横向的或下垂的果实。

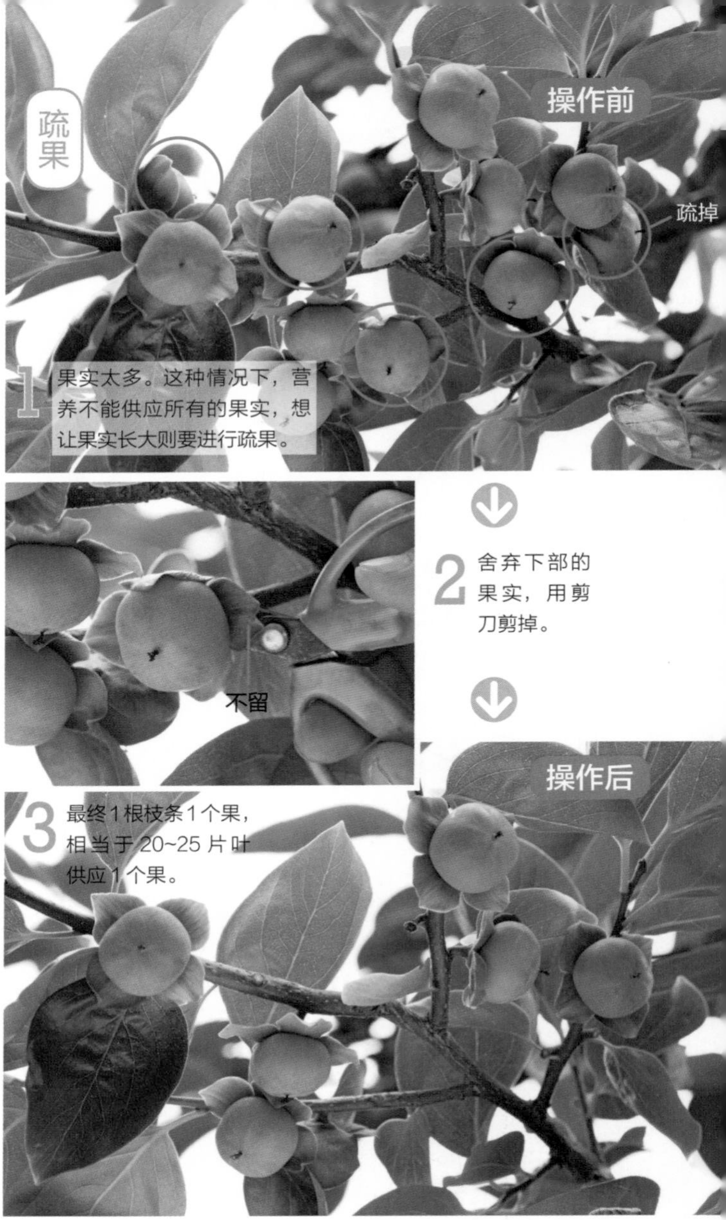
疏果
操作前
疏掉
1 果实太多。这种情况下，营养不能供应所有的果实，想让果实长大则要进行疏果。
2 舍弃下部的果实，用剪刀剪掉。
不留
操作后
3 最终 1 根枝条 1 个果，相当于 20~25 片叶供应 1 个果。

5 施 肥

●**基肥：** 12月~来年1月施入1千克/株有机质肥料，3月施入150克/株化学肥料。

●**追肥：** 6月施入50克/株化学肥料。

6 采 收

➡10~11 月

果实色泽转变为鲜艳的橙色后就是采收时期。不采收的话，为了促进果实充分成熟，会造成树体营养缺乏，导致下一年坐果变差，所以成熟后要立刻采收。

7 病虫害

有落叶病的叶片要在落叶后焚烧。

●**炭疽病：** 从 6 月开始，叶片或果实上会出现黑色斑点，造成不同程度的落果。应立即摘掉发病部分。

●**落叶病：** 叶片上出现圆形斑点，导致秋季落叶。应将落叶烧毁。

●**柿蒂虫：** 幼虫（蒂虫）会在果实中为害，导致夏季果实脱落。可以在冬季通过刮粗皮预防。

专业技巧 保护树体

刮粗皮，防害虫

柿子的树体覆盖有一层缝隙较多的、坚硬的粗皮。因为粗皮的缝隙会成为害虫最佳的越冬场所，所以在1~2月要将其刮掉，这样可以抑制虫害的发生。

覆盖粗皮的状态。害虫在粗皮中越冬产卵。

用剪刀背刮掉粗皮。

刮掉粗皮的状态。最好将整个树体都刮掉。

盆栽要点

人工授粉促进坐果

一般情况下，盆栽的栽培方法与庭院栽培的相同。

在与盆高度相近的位置进行短截，培养成平衡配置多根主枝的树形或自然开心形。1根枝条着生1~2朵雌花，进行人工授粉，可确保果实生长良好。

盆的大小 栽植于7~8号盆。幼树每年上盆1次，成龄树每1~2年上盆1次。

培养土 赤玉土与腐叶土按1:1的比例混匀后作为培养土使用。12月~来年1月与5月各施入几粒玉肥。

水分管理 因为不耐旱，所以在土干前灌水。特别是在生长发育旺盛的5~8月，每天灌水2次，早上与傍晚都要充分灌水。

自然开心形的培养

1 盆栽第2年6月的状态。用长势好的枝条作为主枝，疏除弱枝。

3 缠上铜丝，疏除弱枝。

4 从盆上方俯视，引缚到枝条长度均等为止。

用铜丝引缚枝条的操作，在冬季也可以进行。但在6月，枝条柔软，容易操作。

梨

◉ **栽培资料**

耐寒性　**耐热性**　**耐阴性**

留果量…………25~30 片叶供应 1 个果

栽培适宜地区…日本梨适宜日本东北地区南部以南
西洋梨、中国梨适宜日本东北地区以北

授粉树…………需要

童期……………庭院栽培：3~4 年（日本梨、中国梨），5~7 年（西洋梨）。盆栽：3 年

◉ **栽培月历**

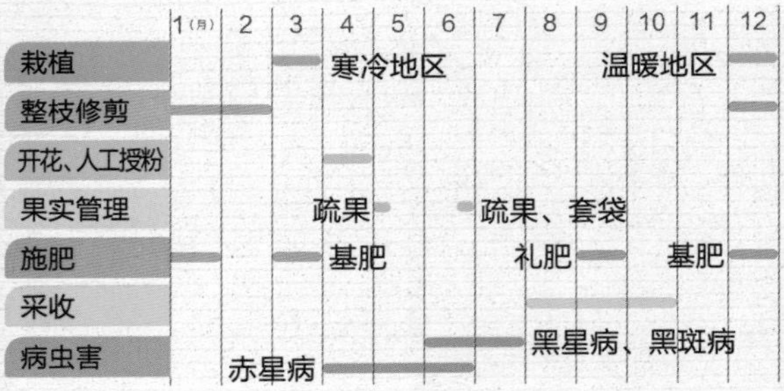

1(月) 2 3 4 5 6 7 8 9 10 11 12
栽植
寒冷地区
温暖地区
整枝修剪
开花、人工授粉
果实管理
疏果
疏果、套袋
施肥
基肥
礼肥
基肥
采收
病虫害
黑星病、黑斑病
赤星病

品种的选择方法

梨有日本梨、中国梨、西洋梨 3 类。日本高温多湿的气候适宜栽培日本梨。日本梨分为红梨与青梨，一般红梨栽培简单。因为无论哪个品种单株都不能结果，所以需要栽植其他品种的树作为授粉树。

因品种组合不同，无法授粉、不能结果的情况也有。所以选品种时，必须清楚授粉亲和性的好坏。

授粉亲和性好的组合

○ 从丰水 × 幸水 × 长十郎 × 大原红中任选 2 个品种
法国洋梨 × 巴梨（是法国洋梨与幸水等日本梨的杂交种）

授粉亲和性差的组合

✕ 幸水 × 新水、新高 × 丰水、新兴 × 新星、菊水 × 二十世纪

推荐的品种（特性与栽培要点）	
幸水	红梨的代表品种。味道好，非常受欢迎
丰水	红梨。与幸水一样是代表品种。果实稍大，味道好、香味浓
秋月	红梨。甜味浓，抗黑斑病
南水	红梨。甜味浓，耐贮性好
新高	红梨。果个大，花粉少，不能作为授粉树
新兴	红梨。果个大，花粉多，可作为授粉树
菊水	青梨。易栽培，口感好
黄金二十世纪	青梨。二十世纪的改良品种。稍抗黑斑病
二十世纪	青梨。果实色泽漂亮。抗黑斑病弱，需要套袋预防
法国洋梨	西洋梨。成熟后味道好
巴梨	西洋梨。果汁多，鲜食、加工都行
王乳	西洋梨。大果品种。结果过多，易导致树势衰弱，一定要疏果
大原红	日本梨与西洋梨的杂交种。叶片与果实都着红色。适于盆栽，作为观赏树也特别受欢迎

1 栽植 ➡12 月、3 月

在 12 月或 3 月栽植。温暖地区 12 月栽植利于根系生长，下一年春季生长发育良好。因为感染赤星病病菌的概率大，所以最好不要在附近栽植松柏等。

❶ 挖直径为 40 厘米、深 40 厘米的栽植坑。

❷ 将❶挖上来的土与腐叶土混匀。

❸ 将❷的一半土加上油渣等回填，剩下的一半土栽植苗木。

幸水

法国洋梨

2 整枝修剪 ➡12 月～来年 2 月

果实的着生方式

上一年的枝条顶端与侧面着生花芽（混合花芽），这些花芽春季抽生新梢结果。第 3 年枝条抽生的短果枝顶端着生花芽，能结好果。同样的短果枝能够连续结果 3 年左右，所以整枝修剪的重点是促发大量的短果枝，增加产量。

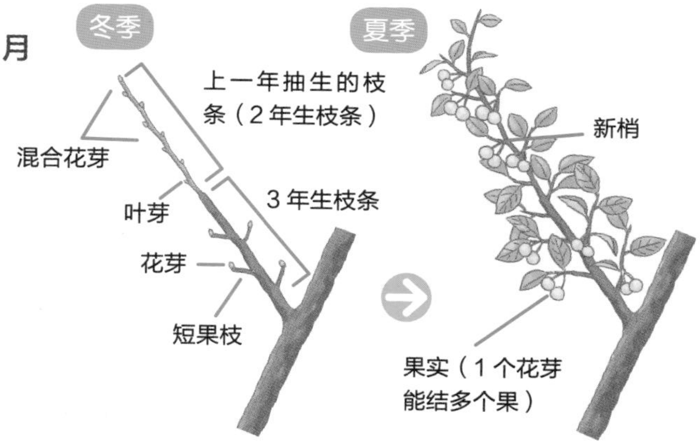

冬季
夏季
上一年抽生的枝条（2 年生枝条）
混合花芽
叶芽
3 年生枝条
花芽
短果枝
新梢
果实（1 个花芽能结多个果）

培养方法与修剪要点

有充分的栽培空间，采收大量果实时，最好采用棚架。

选择干上抽生的 2~3 根充实的枝条，在第 3~4 年向棚上引缚，形成棚架。虽然培养树形比较麻烦，但是树形完成后，修整与采收都比较省工。

想培养棚架而没有空间时，将 2 根枝条左右拉开引缚成 U 字形也比较有趣。

在树体休眠后的冬季进行修剪。通过修剪，首先疏除无用枝或密挤枝。为了促发着生好花芽的大量短果枝，应边调整枝条状态，边在枝条前端短截。

棚架的培养

第 2 年的冬季

第 1 年留下充实的新梢作为主枝，其余的疏除。留下的主枝引缚到棚上，前端轻短截。第 2 年在棚下 30 厘米左右抽生的新梢伸长，作为第 2 年的主枝。疏除主枝的分枝部位 1 米以内的枝条，除此以外的枝条引缚，在前端 1/3 左右处短截，促发侧枝。

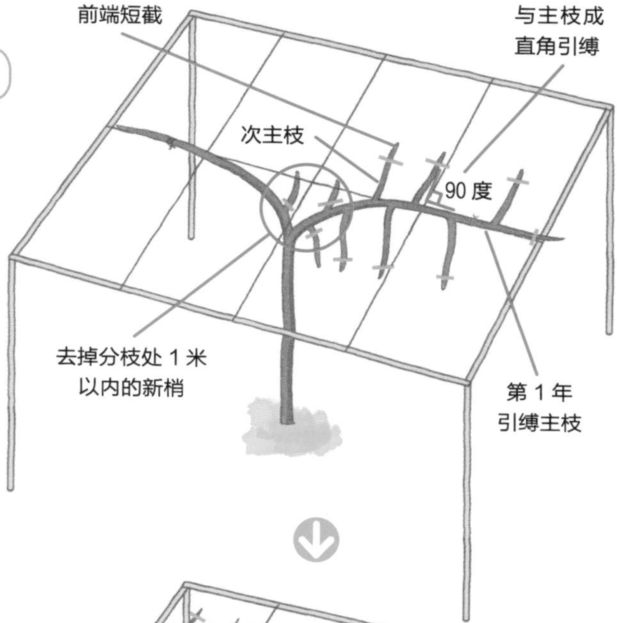

前端短截
与主枝成直角引缚
次主枝
90 度
去掉分枝处 1 米以内的新梢
第 1 年引缚主枝

第 3 年的冬季

从主枝抽生的次主枝，疏除长势弱的枝条等，将枝条控制在相互间隔 50 厘米左右。留下的枝条在其前端 1/3 左右处短截。

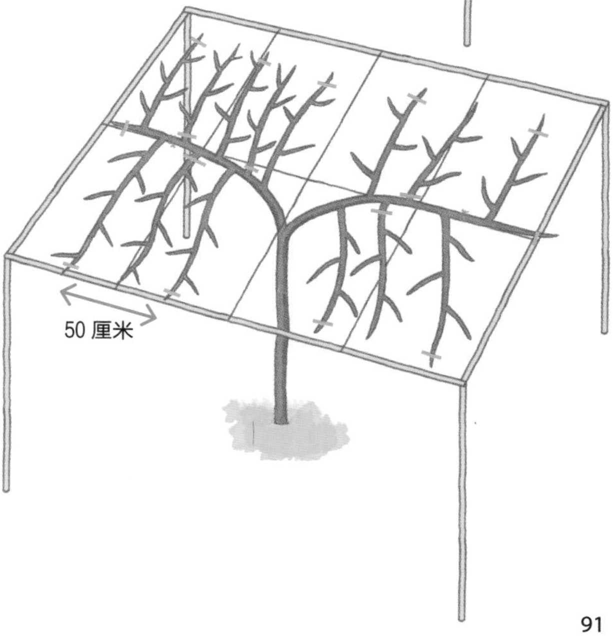

50 厘米

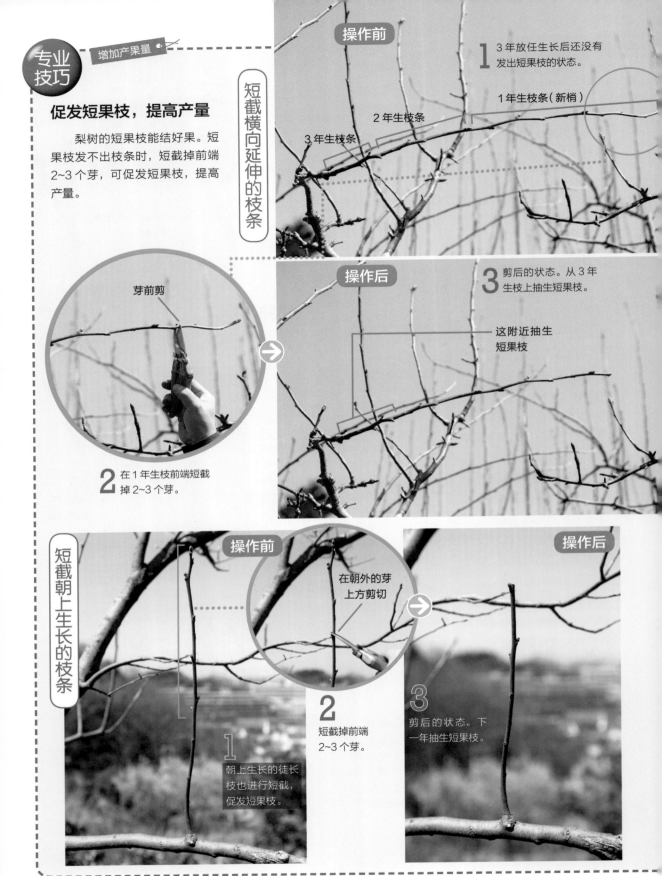

专业技巧　增加产果量

促发短果枝，提高产量

梨树的短果枝能结好果。短果枝发不出枝条时，短截掉前端2~3个芽，可促发短果枝，提高产量。

短截横向延伸的枝条

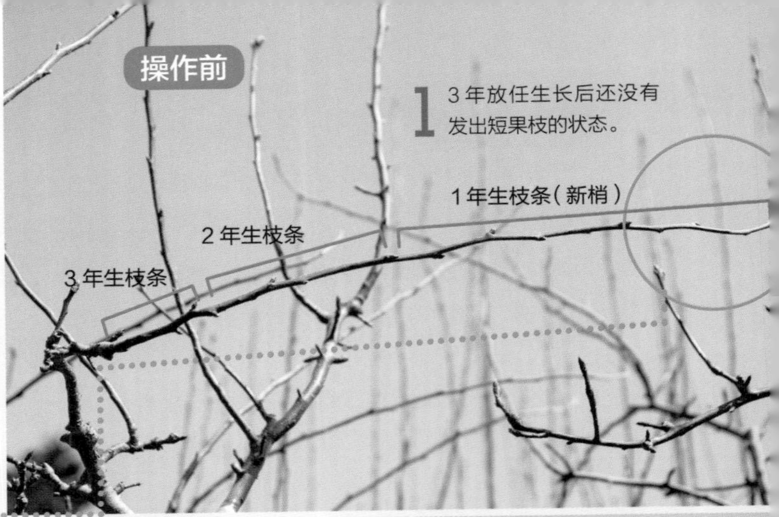

1 3年放任生长后还没有发出短果枝的状态。

2 在1年生枝前端短截掉2~3个芽。

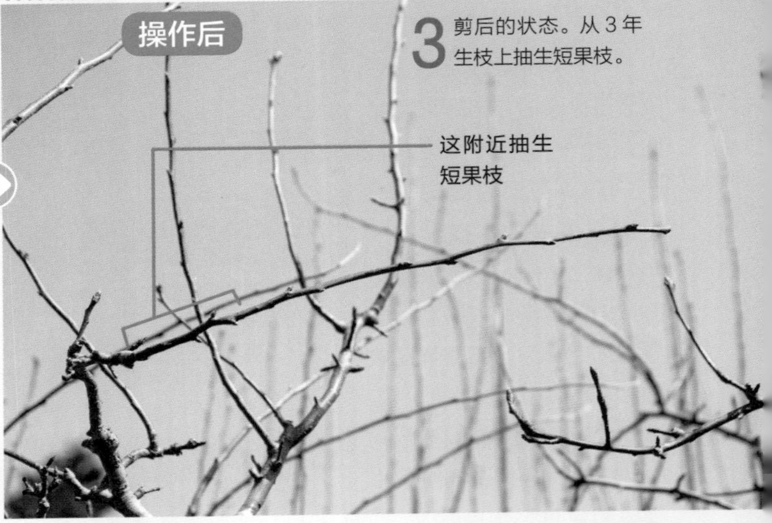

3 剪后的状态。从3年生枝上抽生短果枝。

短截朝上生长的枝条

1 朝上生长的徒长枝也进行短截，促发短果枝。

2 短截掉前端2~3个芽。

3 剪后的状态。下一年抽生短果枝。

增大果个

留下好的短果枝，结大果

从充实的枝条上抽生大量的短果枝，但是所有的短果枝都结果的话，只能结一个个小果，树势也会变弱。因此在大量抽生短果枝的枝条上，只留下质量好的短果枝，这样可以结大果。

1 去掉朝下生长的或枝条基部附近的短果枝。同一个地方抽生的短果枝，要去掉一部分。

2 去掉后的状态。最终间隔 15 厘米左右留 1 根短果枝。

短果枝上着生好几个芽，应去掉。

充实的、质量好的短果枝。着生前面尖、基部大的好花芽。

增加产果量

在隐芽上方回缩，以促发短果枝

不定芽一般从基部去掉。但是不定芽基部膨大后能看到潜伏芽（隐芽）时，在隐芽上方短截能够促发短果枝。

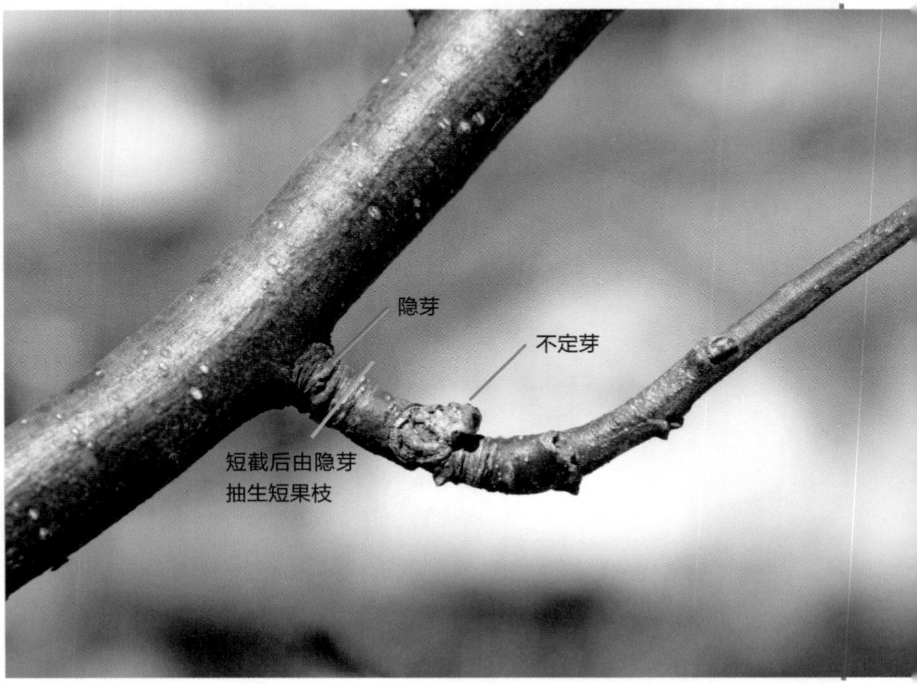

枝条基部附近膨大，有不显现的隐芽。在隐芽上方短截后，能抽生短果枝。

3 开花、人工授粉

➡4 月

因为 1 株树不能结果，所以要配授粉树。每个品种开花时期不同或确定要结果时，在开花后第 3 天进行人工授粉。人工授粉有用花直接授粉的方法和收集花粉授粉的方法。

花的组成

用花直接进行人工授粉时，用花药（雄蕊）开放的花。

用花直接授粉的方法

用另一个品种的花药直接在雌蕊上授粉。

收集花粉授粉的方法

1 采集别的品种的花药，用镊子将它们收集到纸上。

2 将收集的花药放在没有风的地方，经阳光照射后，从花药中散发出花粉。将取下的花粉收集到瓶中。

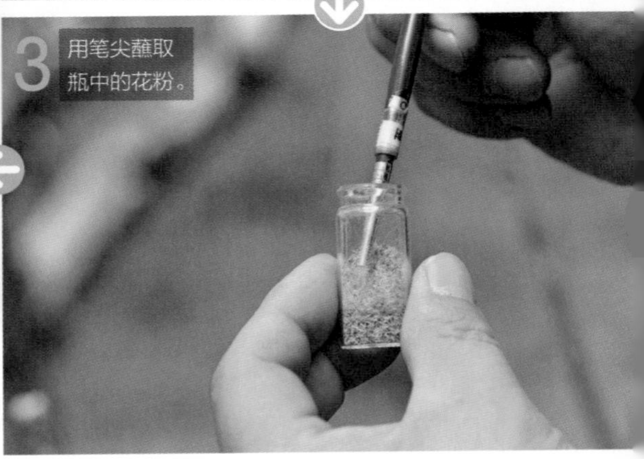

3 用笔尖蘸取瓶中的花粉。

4 用粘有花粉的笔尖描雌蕊。最好不要给所有的花授粉。1 个花序如果有 8~10 朵花，给边上的 2~3 朵花授粉即可。

4 果实管理

➡5 月上旬、6 月下旬

疏果、套袋

梨的每个花序能结多个果，疏果后，每个果实才能长大。应在 5 月上旬与 6 月下旬进行 2 次疏果。为了防止病虫为害果实，在疏果后要进行套袋。

第1次疏果

1 5 月上旬，果实长到玻璃球大小时，进行疏果。每个花序留 1 个果。

2 疏掉长得差的果和伤果，留下果柄长的果实。

必知之事

幸水、丰水也可以进行不套袋的无袋栽培。果实经常被阳光照射，品质才会提升。但为了防止病虫害，必须使用农药。

第2次疏果

6 月下旬，当果实长到乒乓球大小时，按照 25~30 片叶供应 1 个果，并且果实间隔 20 厘米的标准进行疏果。

套袋

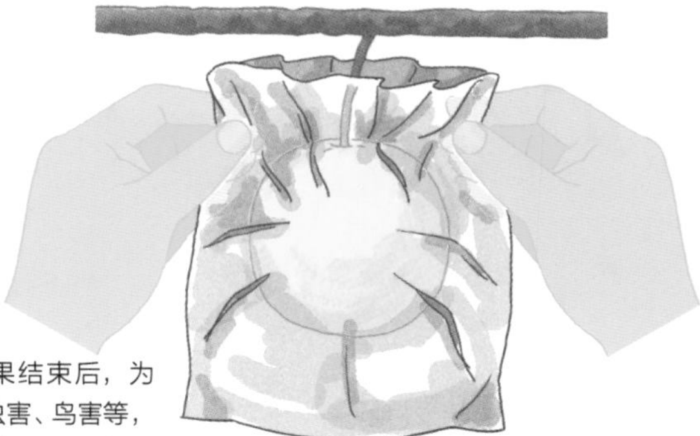

1 第 2 次疏果结束后，为了防止病虫害、鸟害等，应给果实套上蜡纸等制成的袋子。

2 用预留的金属丝绑扎，拧紧袋口，果柄基部不留间隙。果柄短的话，绑扎在枝条上也可以。

5 施肥

●**基肥：** 12 月 ~ 来年 1 月按 1 千克 / 株施入有机质肥料（配制 A），3 月按 400 克 / 株施入化学肥料。

●**礼肥：** 为了给下一年生长发育储备养分，在 9 月施入化学肥料 100 克 / 株。

6 采收

➡8~10 月

红梨变成茶色、青梨变成黄色就是采收时期。果实完全成熟后，只要将果实简单地从枝条向外托举即可采下。西洋梨在果实呈现黄绿色时即可采收，但要经过 1~2 周的后熟。日本梨不需要后熟。

7 病虫害

●**赤星病：** 春季通过松柏类感染病原菌，叶片上出现茶色斑点。周围没有栽植松柏类的树时，染病后去掉发病部位并烧毁即可。

●**黑星病：** 叶片或果实等上面出现黑色污点状斑点，造成叶片或果实脱落。摘掉染病部位即可。通过改善通风透光条件可预防。

●**黑斑病：** 梅雨时期易发，叶片或果实上出现黑色斑点，导致果实裂开。改善通风条件可以预防。发病后，摘掉发病部位并烧毁即可。

请教 小林老师

Q 虽然是幼树，但是一朵花也不开，怎么办呢？

A 光照恶化、土壤质地不适宜等原因，会导致树势衰弱、不开花；或者相反，树势过旺也不开花。像这样树势强旺时，稍微减少含氮元素肥料的用量，或是轻剪以抑制枝条伸长，将营养转到花、果生长上，均有效果。

盆栽要点

通过人工授粉，确保坐果

与庭院栽培相同，盆栽时应栽植品种不同的 2 株树。从便于培养和授粉亲和性来看，推荐选用幸水和丰水。

一般情况下，盆栽的栽培方法与庭院栽培的相同。第 3 年夏季就能结果。但是盆栽花量少，要通过人工授粉来确保坐果。最好倾斜栽植，将枝条左右配置，培养模样木树形。

盆的大小 栽植于 6~8 号盆。在距离地面 30 厘米左右处短截。

培养土 用赤玉土 6 份、腐叶土 4 份及少量苦土石灰混匀，作为培养土用于栽植。12 月 ~ 来年 1 月与 8 月各在盆边压入数粒玉肥。

水分管理 果实膨大期的 6~7 月，水分管理非常重要。要进行 1 天 2 次的充分灌水。为了增加果实糖度，在临近采收期时应控制水分，达到土壤干燥才灌水的程度。

花式树形的培养

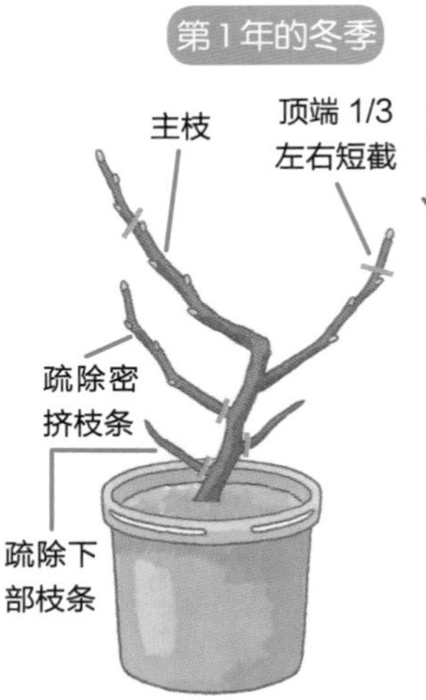

第 1 年的冬季
主枝
顶端 1/3 左右短截
疏除密挤枝条
疏除下部枝条

栽植后，在苗木与盆相同高度处剪切。剪后抽生的枝条，在与第 1 年冬季枝条反向伸长的芽上方剪切。在留下的枝条前端短截。

第 2 年的冬季
疏除与主枝竞争的枝条
主枝

为了不让主枝按原方向延伸进行回缩，应疏除密挤枝。在留下的枝条前端短截。

梅、杏

梅

◉ **栽培资料**

耐寒性 ●●●　**耐热性** ●●●　**耐阴性** ●●●

留果量…………梅不用疏果；杏应按 20 片叶供应 1 个果

栽培适宜地区…梅适宜于除北海道外的日本全国各地。杏适宜于日本东北至甲信越地区，但关东以南也可以栽培

授粉树…………梅需要杏不需要

童期……………庭院栽培：3~4 年。盆栽：3 年

◉ **栽培月历**

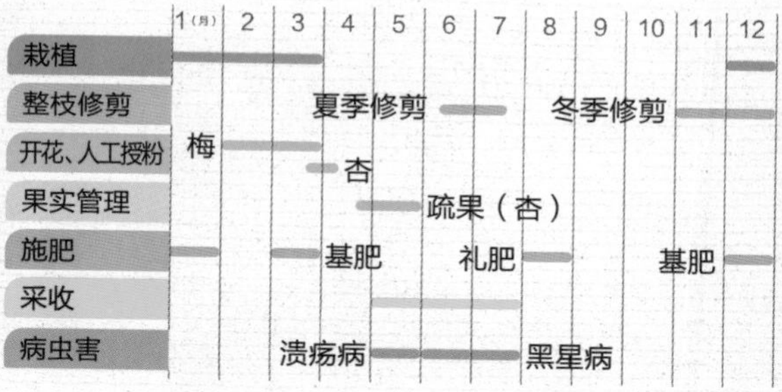

1（月）
2
3
4
5
6
7
8
9
10
11
12
栽植
整枝修剪
开花、人工授粉
果实管理
施肥
采收
病虫害
夏季修剪
冬季修剪
梅
杏
疏果（杏）
基肥
礼肥
基肥
溃疡病
黑星病

品种的选择方法

梅，几乎所有的品种都不能进行单株结果，要与花粉量大的小梅品种一起栽植。寒冷地方为了防止冷害，最好选择开花迟的品种。

杏，即使 1 株树也能结果。但与不同品种的树一起栽植，坐果更好。杏有欧洲系和东亚系之分，欧洲系的病害少，容易栽培。

授粉亲和性好的组合（梅）

○ 梅乡 X 南高 X 莺宿

授粉亲和性不好的组合（梅）

✕ 玉英 X 丰后　白加贺 X 丰后

杏

推荐的品种（特性与栽培要点）

● **梅**

甲州小梅	1 株树也能结果。花粉多，可作为授粉树。适于制作梅酒、梅干
南高	最受欢迎的代表品种。需要授粉树。作为梅干的原料非常受欢迎
丰后	1 株树也可以结果。自古以来在日本各地栽培。适于寒冷地区
稻积	1 株树也可以结果。花粉多，适于作为授粉树
白加贺	花粉少，需要授粉树。自江户时代开始在日本栽培
莺宿	1 株树也能结果。常用于制作梅酒。适于作为授粉树
玉英	产量高。花粉少，需要授粉树
梅乡	果个大，适于制作梅酒。需要授粉树

● **杏**

信州大实	东亚系。香味与甜味浓烈，味道好。栽培比较容易
山形 3 号	东亚系。花粉多，适于作为授粉树
平和	东亚系。1 株树难以结果。易裂果。适于制作果酱
新泽大实	东亚系。1 株树难以结果。果实大，但不易裂果
金凯特	欧洲系。酸甜适口。不易裂果
硬凯特	欧洲系。酸味淡、甜味浓，主要用于鲜食
胎露童	欧洲系。果个小，甜味浓。栽培比较容易

1 栽 植 ➡12 月 ~ 来年 3 月

日本关东以南在 12 月、东北部等寒冷地区在即将萌芽的 3 月，选择光照好、排水良好的地方栽植。

❶ 挖直径为 40 厘米、深 40 厘米的栽植坑，将挖上来的土与腐叶土等有机质肥料混匀。

❷ 将❶的一半土加上油渣或牛粪等混匀回填。

❸ 将❶余下的土用于浅栽苗木。

❹ 将苗木周围的土起垄，做成灌水盘，灌足水。

2 整枝修剪

➡ 6 月中旬 ~7 月中旬 夏季修剪、11~12 月 冬季修剪

果实的着生方式

梅、杏都在上一年抽生的枝条上着生花芽（纯花芽），这些花芽结果。特别是 15 厘米左右的短果枝、中果枝着生好的花芽。

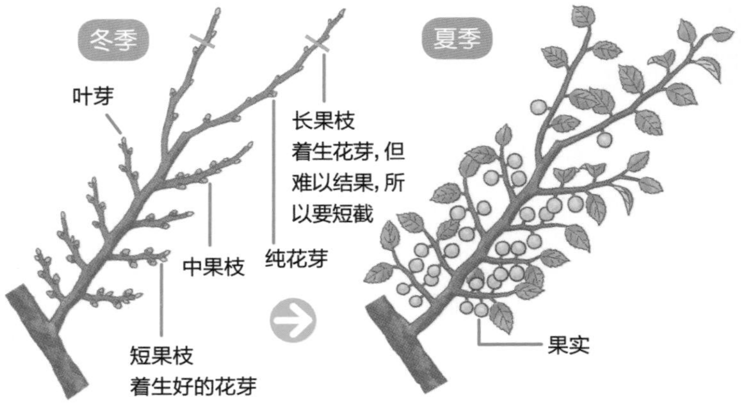
冬季
叶芽
长果枝
着生花芽，但难以结果，所以要短截
中果枝
纯花芽
短果枝
着生好的花芽
夏季
果实

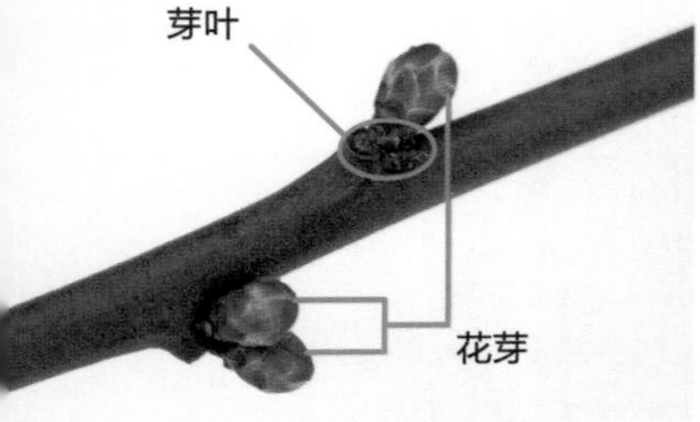
芽叶
花芽

梅的花芽和叶芽，着生花芽的基部附近也有叶芽。

梅的短果枝，这样的短果枝着生很多花芽。

叶芽
花芽

杏的花芽和叶芽，花芽比叶芽圆、大。

培养方法与修剪要点

梅、杏都培养成自然开心形。以主干为中心，平衡配置主枝、次主枝、侧枝，促发大量的短果枝用于结果，可提高产量。最好将高度控制在 2~3 米，培养成变则主干形（P28）。

疏除阻碍枝叶、果实生长的无用枝条。为了促发大量的短果枝，要在枝条前端短截。

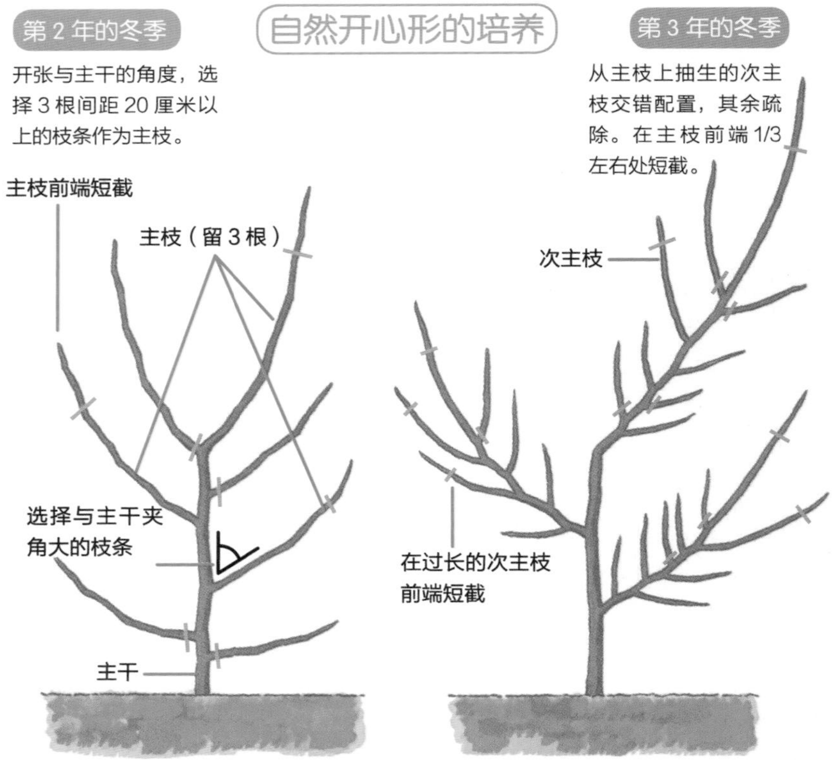
第 2 年的冬季
自然开心形的培养
第 3 年的冬季
开张与主干的角度，选择 3 根间距 20 厘米以上的枝条作为主枝。
主枝前端短截
主枝（留 3 根）
选择与主干夹角大的枝条
主干
从主枝上抽生的次主枝交错配置，其余疏除。在主枝前端 1/3 左右处短截。
次主枝
在过长的次主枝前端短截

◉ 冬季修剪

首先，观察树的整体，确定3根主枝。梅、杏都易抽生扫帚状直立向上的枝条或徒长枝，这种枝条会争夺其他枝条的养分，因此要疏除。疏除向树体内侧生长的内向枝和与其他枝条交叉的交叉枝。最后，为了促发大量的短果枝，在留下的枝条前端短截。

疏除直立向上的枝条
疏除内向枝
留下的枝条
留下的枝条前端短截
疏除交叉枝
留3根作为主枝
幼树的修剪

1 第3年树的修剪。确定主枝，疏除直立向上的枝条和无用枝。在幼树期，直立向上的枝条不要全部疏除，留1根向外伸长的枝条。

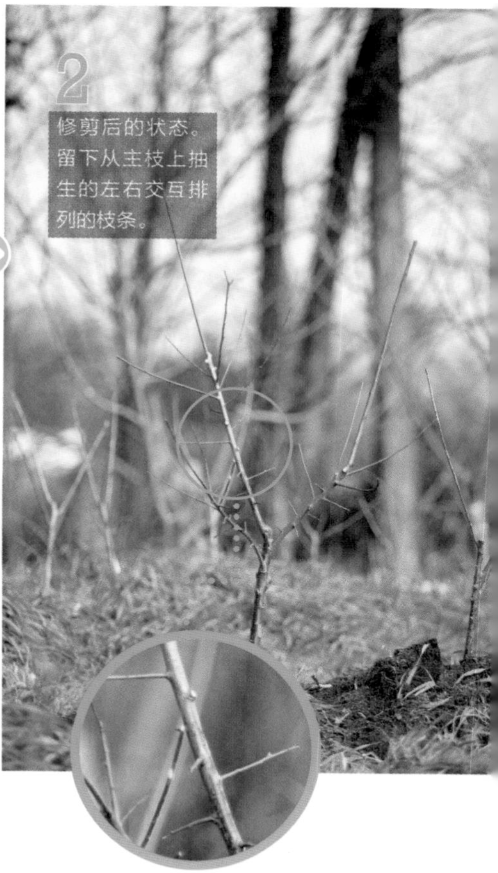
2
修剪后的状态。留下从主枝上抽生的左右交互排列的枝条。

专业技巧 增加产果量

活用徒长枝结果

结果的枝条少时，即使是徒长枝也不疏除，而是在枝条前端短截，就会发出短果枝。可以活用形成的枝条，但是作为原本就应该疏除的枝条，要在结果2年左右将其疏除。

徒长枝
疏除
操作前

1 因为徒长枝不断生长，所以疏除。

留下的部分
原本疏除的部分
去掉的部分

2 幼嫩的徒长枝作为形成的枝条留下。

留下的枝条
操作后

3 在留下的枝条前端短截。一到春季，就从枝条侧面抽生短果枝。

专业技巧　提高坐果率

主枝与次主枝呈三角形修剪

想要每根枝条都能被日光照射、坐果良好，就要将主枝前端与次主枝前端修剪成近似等腰三角形的结构。首先对主枝进行修剪，其次按照等腰三角形的结构短截次主枝前端。

1 在主枝前端定好位置，短截主枝。

2 疏除与主枝平行伸长的平行枝，或从主枝上抽生、与其他枝条交叉的交叉枝。

3 以主枝顶端作为顶点，次主枝与等腰三角形的边吻合，短截次主枝的前端。

4 用同样的方法剪切另一侧的次主枝，主枝与次主枝的顶端构成近似等腰三角形的结构。

◎ 夏季修剪

6 月疏除伸长过长的徒长枝，在将养分转移供应给花芽吸收的同时，也改善了树体内堂的通风和光照条件。

修剪前
1
因徒长枝而使树体内侧密挤。向上伸长的徒长枝难以着生花芽，还阻碍有用枝与果实的生长，因此要疏除。
因徒长枝造成密挤
2
从基部疏除内侧生长旺盛的徒长枝。
3
疏除其他徒长枝与交叉枝等无用枝条。
修剪后
4
内侧没有无用枝条，光照得到改善。

专业技巧 增加产果量

将徒长枝变为结果枝

通过夏季修剪，对其他枝条或不影响树体内堂光照的徒长枝前端短截后，整个夏季就会从这些枝条上抽生短果枝，提高下一年的产量。

1
距徒长枝顶端 1/3 左右处短截。
徒长枝
2
整个夏季易抽生短果枝。
去掉的部分
这部分抽生短果枝

3 开花、人工授粉 ➡ 2~3 月 梅、3 月下旬 ~4 月上旬 杏

多数品种的梅，1 株树不能结果，需要授粉树。即使有授粉树，要确保其结果，最好进行人工授粉（P94）。用花梅、杏、桃、油桃的花粉也可以授粉。

1 株杏树也能结果，但人工授粉的话，能确保结果。用梅、桃、油桃的花粉也可以授粉。

4 果实管理

➡ 4 月下旬 ~5 月

梅没有必要疏果。

杏果实长到玻璃球大时，按照 20 片叶供应 1 个果的标准进行疏果。去掉稠密部分的果实，使果与果之间留有空隙。

5 施 肥

●**基肥：** 12月~来年1月按1千克/株施入有机质肥料（配制A），3月按150克/株施入化学肥料。

●**礼肥：** 8月按100克/株施入化学肥料。

6 采 收 ➡5~7 月

如果用梅制作梅酒、梅汁，就要在 5 月中旬果实发青时采收。做梅干使用的话，果实需进一步成熟，在色泽转黄时采收。做果酱用，就要采收完全变成黄色的、成熟的果实。

杏开花后约 90 天便可采收。用来制作干果或罐头的，在色泽变黄、果实坚硬时采收。用来做果酱或鲜食的，则采收完全成熟、柔软的果实。

7 病虫害

●**黑星病：** 叶片或果实出现黑色斑点。可通过改善通风透光条件来预防。

●**溃疡病：** 5 月发生，叶片或果实出现疮痂样的斑点。去掉发病部分并烧毁。

专业技巧 改善风味

无伤果的采收技巧

梅果实完全成熟、自然掉落会造成损伤。但在采收前架上网子，即使果实落下也不会造成损伤。而且捡拾掉落的果实也省了人工，还提高了采收效率。

6 月左右架网就可以

请教 小林老师

Q 已经做了修剪，但还是没有花，这是怎么回事？

A 可能是夏季修剪过重，没有形成花芽。夏季修剪与冬季修剪一样，去掉粗枝，对过多的枝条进行重短截的强修剪后，再次发出的枝条难以着生花芽，会导致下一年就没有花。所以，要注意不可在夏季进行强修剪。

Q 坐果不好是什么原因啊？

A 有多种原因：

❶ **授粉失败**

梅的几乎所有品种都不能用自己的花粉授粉。即使不同品种近距离栽植也得不到改善的话，就要进行人工授粉。

❷ **树势过弱**

枝条长势差、叶片数量少的树，是因为生长发育不良，坐果就差。这种情况要多施肥料，同时为了下一年新梢生长良好，可通过冬季修剪进行强修剪。

❸ **树势过旺**

只有枝条生长，果实吸收养分不足，便造成大量落果。这种情况下要控制含氮素肥料的使用，开花前抑制新梢伸长，进行摘除新梢顶端的摘心工作。

盆栽要点

开花期注意寒冷天气

盆栽梅、杏的方法与庭院栽培的相同。开花时期，注意寒冷天气，天气冷时要搬到光照好的地方。可以培养成模样木形或标准形树形。

盆的大小 栽植于 6~8 号盆，距地面 25~30 厘米处短截，结果后，2~3 年上盆 1 次。

培养土 赤玉土与腐叶土按 1:1 的比例混匀作为培养土，用于栽植。12 月 ~ 来年 1 月和 7 月各施数粒玉肥。

水分管理 因为梅、杏比较抗旱，所以适于干燥气候。只是在夏季多浇水，1 天 2 次。

盆栽的修剪

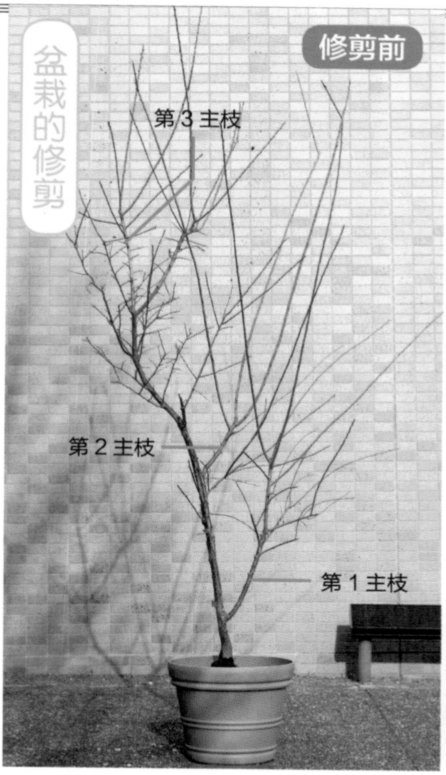

1 梅的模样木形培养。由于枝条伸长造成密挤，可按照由高到低的顺序，整理每根主枝上的无用枝。

5 剪掉无用的枝条，整理树形。

2 整理第 3 主枝。疏除徒长枝、内向枝等无用枝，短截主枝前端。

3 疏除第 2 主枝上呈扫帚状伸长的徒长枝。留下的枝条短截。

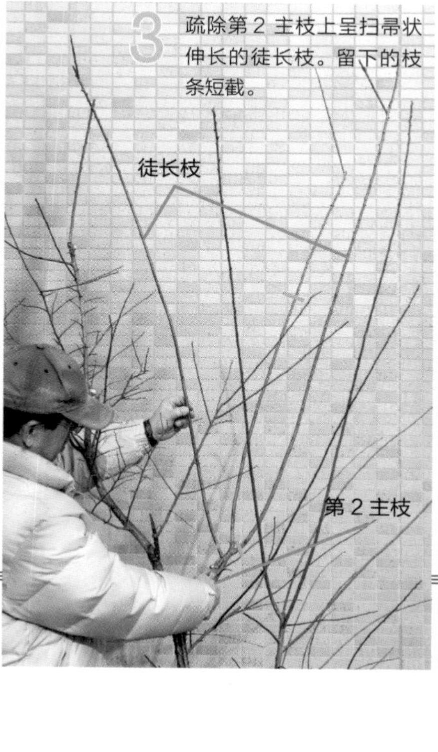

4 因为第 1 主枝有与第 2 主枝相同的扫帚状的徒长枝，所以要疏除徒长枝与衰弱的枝条。主枝与留下的枝条进行短截。

无花果

◉ 栽培资料

耐寒性 ●●● **耐热性** ●●● **耐阴性** ●●●

留果量…………8~10 片叶供应 1 个果

栽培适宜地区…日本关东以南的太平洋沿岸等温暖的地方，东北部是盆栽的北限

授粉树…………不需要

童期……………庭院栽培：2~3 年。盆栽：2 年

◉ 栽培月历

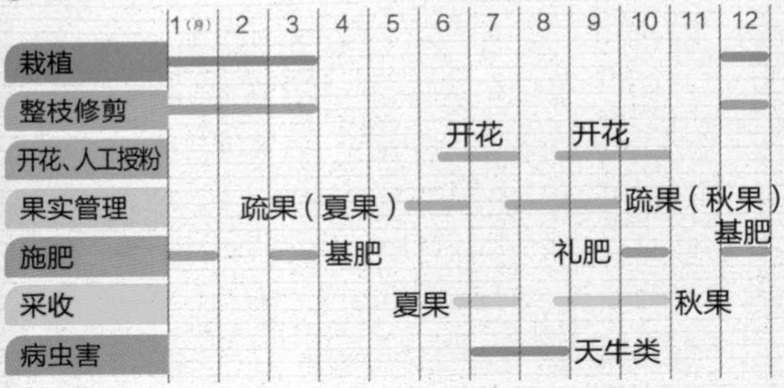

1（月） 2 3 4 5 6 7 8 9 10 11 12
栽植
整枝修剪
开花、人工授粉
开花
开花
果实管理
疏果（夏果）
疏果（秋果）
施肥
基肥
礼肥
基肥
采收
夏果
秋果
病虫害
天牛类

品种的选择方法

无花果即使栽植 1 株树也能结果，有 6 月下旬 ~7 月成熟的夏果专用品种和 8 月下旬 ~10 月成熟的秋果专用品种，以及通过栽培手段使其在夏秋都能成熟的夏秋兼用品种。

庭院不易受梅雨影响，适于栽培秋果专用品种或夏秋兼用品种。

推荐的品种（特性与栽培要点）	
麦司依陶芬	具有代表性的夏秋兼用品种。坐果好，栽培容易。耐寒性稍差
白小松	夏秋兼用品种。耐寒性强。坐果好，能连皮一起吃
布兰瑞克	夏秋兼用品种。坐果好
蓬莱柿	日本自古以来就有栽培的秋果专用品种。果个大，耐寒性强
陛澳莱陶芬	夏果专用品种。果个极大，味道也好

蓬莱柿

1 栽 植 ➡12 月 ~ 来年 3 月

12 月 ~ 来年 3 月栽植。日本关东以北的寒冷地区最好在 3 月栽植。因为无花果叶片大、抗风力弱，所以应选择无风、光照好的地方。

❶ 挖直径 40 厘米、深 40 厘米的栽植坑。挖出来的土与腐叶土或油渣等混匀。

❷ 用❶的土栽植苗木，浅栽。

❸ 在其周围做灌水盘，灌足水。

❹ 在距地 40~50 厘米处的苗木前端短截。

2 整枝修剪

➡12 月 ~ 来年 3 月

做法

因为树势强旺，所以要将树高控制得低点，培养成“一”字形或杯状形。因为无花果枝条柔软，所以培养树形比较方便。

水平引缚

杯状树形。引缚左侧长势好的主枝，以抑制树势。

果实的着生方式与修剪要点

夏果品种，在上一年伸长的枝条前端着生下一年的果实（幼果），经过冬季，下一年的 6 月下旬左右成熟。秋果品种，在当年伸长的新梢叶腋间着生花芽，8 月下旬左右成熟。夏秋兼用品种着生两种果实。因为果实的着生方式不同，修剪方法也有变化。无论哪个品种，为了增加花芽，最好在难以着生花芽的细枝上短截。

果实的着生方式与修剪

●夏果专用品种

冬季
因为顶端附近着生花芽，所以不要短截。
叶芽
纯花芽
上一年抽生的枝条
夏季
着生下一年成熟的夏果的幼果

●冬果专用品种

冬季
上一年抽生的枝条，全部留 2~3 个芽短截。
混合花芽
上一年抽生的枝条
夏季
秋果
秋果
当年的新梢上着生秋果。

●夏秋兼用品种

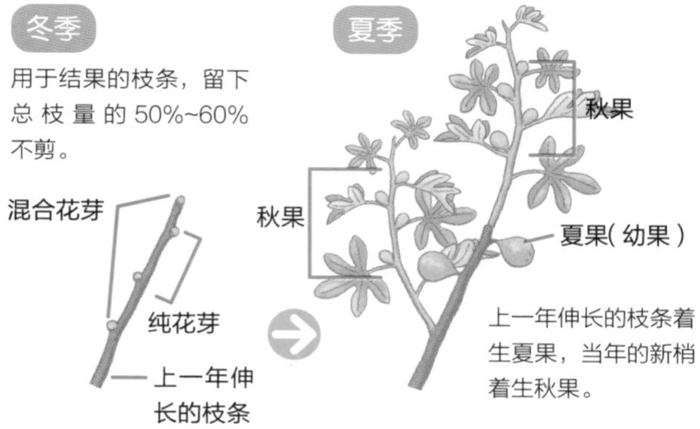
冬季
用于结果的枝条，留下总枝量的 50%~60% 不剪。
混合花芽
纯花芽
上一年伸长的枝条
夏季
秋果
秋果
夏果（幼果）
上一年伸长的枝条着生夏果，当年的新梢着生秋果。

短截细枝

1
因为充实的枝条着生大量花芽，所以对细枝进行短截。
充实的枝条
细枝
细枝
操作前

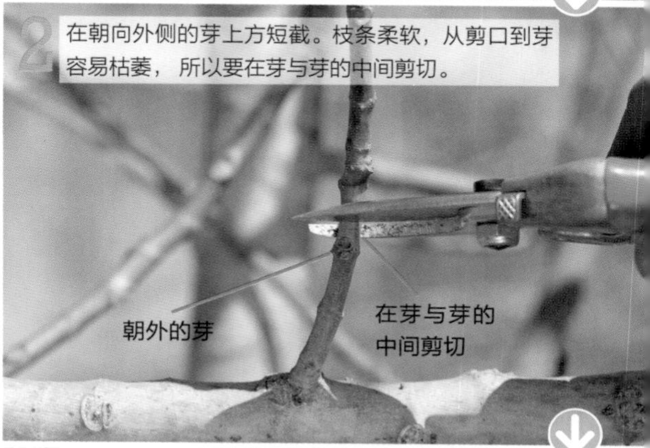
2
在朝向外侧的芽上方短截。枝条柔软，从剪口到芽容易枯萎，所以要在芽与芽的中间剪切。
朝外的芽
在芽与芽的中间剪切

3
剪切后的状态。用同样的方法短截细枝。充实的枝条着生较多的花芽，从短截的枝条上也能抽生下一年着生花芽的枝条。
去掉的部分
操作后

请教 小林老师

Q 果实能早采吗？

A 注油就可以。果实呈现浅绿色、泛红时，用滴管等在果实顶端注入 1~2 滴植物油，这样果实成熟期能提早 7~10 天。因为采收期提前了，果实生长会变差，一定要注意。

专业技巧 增加产果量

通过刻芽增加花芽量

即使细致修剪花芽也少、坐果也差时，可在发芽1个月前的3月，在芽的上方划上刻痕，进行刻芽。有伤后，枝条顶部产生的生长抑制激素会受伤口阻碍，从而利于发芽。对苹果、葡萄、梨等果树都有效。

1 用刀在芽的上方2~5毫米处切深0.5~1毫米的刻痕。

2 刻痕的样子。

3 果实管理

疏果

在第4~5年的幼树时期，采收前1个月，按照8~10片叶供应1个果的标准，进行疏果。充分生长的成龄树不需要疏果。

4 施 肥

● **基肥：** 12月～来年1月按1千克/株施入有机质肥料（配制A），3月按150克/株施入化学肥料。

● **礼肥：** 10月按50克/株施入化学肥料。

5 采 收

➡ **6月下旬~7月 夏果、8月下旬~10月 秋果**

因为枝条基部附近的果实先开始成熟，所以按顺序采收下垂柔软的果实。夏果于6月下旬开始采收，秋果于8月下旬开始采收。

6 病虫害

● **天牛类：** 7~8月，成虫出来时捕杀；幼虫时期发现排粪孔，就插入铁丝刺杀。

天牛类幼虫为害后的样子

盆栽要点

大风天气，移到室内

盆栽的栽培方法基本与庭院栽培的相同。因为大叶片会因风而受伤，从而沾染病害，所以大风天气，要将盆移到室内等地方。

盆的大小 栽植于6~8号盆。栽植后，在地上部20厘米处短截。

培养土 将赤玉土与腐叶土按1:1的比例混匀，作为培养土用于栽植。12月～来年1月和9月分别施入数粒玉肥。

水分管理 水分不足会导致果实裂口，所以夏季土壤还没有干燥时就要充分灌水。

模样木的培养

按6~8片叶供应1个果的标准进行疏果，就能采到大果。

石榴

◉ 栽培资料

耐寒性 ●●● **耐热性** ●●● **耐阴性** ●●●

留果量…………不需要疏果

栽培适宜地区…日本北海道南部以南地区

授粉树…………不需要

童期……………庭院栽培：5~6 年。盆栽：4~5 年

◉ 栽培月历

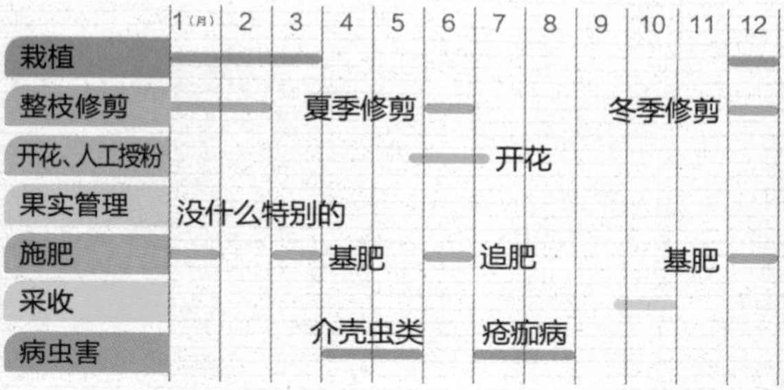

品种的选择方法

1 株树即能正常结果。石榴耐寒性、耐热性强，没有需要关注的病虫害，是特别容易栽培的果树。观赏用的花石榴品种繁多，食用的果石榴品种没有那么多，大果石榴、水晶石榴是代表品种。最好选用甜味浓的欧美种。

推荐的品种（特性与栽培要点）	
大果石榴	日本栽培的代表品种。抗病虫害能力强，栽培容易。果实甜，除鲜食外，也适于制作果酒等
水晶石榴	果个大，是一般石榴的 2 倍多。皮、籽都是黄色的
加利福尼亚石榴	欧美种。果个非常大。抗病虫害能力强，栽培也容易
宝石红	欧美种。所结果实个大，呈紫红色

1 栽 植 ➡12 月 ~ 来年 3 月

选择排水好、光照好的地方栽植。栽植后，在苗木 40~50 厘米高处短截。苗木上抽生的细枝要疏除。

❶ 挖直径为 40 厘米、深 40 厘米的栽植坑。

❷ 将❶挖出来的土与腐叶混匀。

❸ 取❷的一半加入油渣、牛粪等混匀回填。

❹ 留下的土栽植苗木。

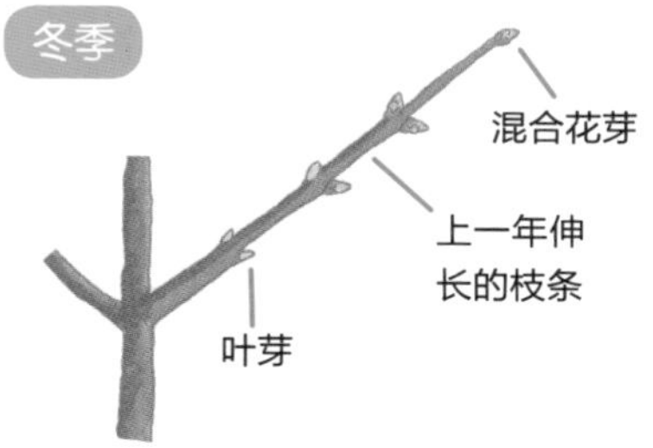

2 整枝修剪 ➡12 月 ~ 来年 2 月

果实的着生方式

上一年伸长的枝条顶端及其下面 2~3 个芽形成花芽（混合花芽）。一到春季，这些花芽抽生新梢，在顶端开花结果。由叶芽抽生的新梢没有花，但下一年着生花芽。

上一年抽生的枝条顶端着生花芽

枝条基部附近着生叶芽

培养方法与修剪要点

因为树势强旺，枝条向上伸长，所以在主干 2~3 米处短截，培养成变则主干形（P28）等。

修剪就是疏除徒长枝或密挤枝，短截难以着生花芽的细枝或过长的枝条。因为在短的新梢顶端部分着生花芽，所以注意不要剪掉。

专业技巧 增加产果量

操作前

通过夏季修剪提高产量

夏季，花芽抽生的新梢顶端开花、结果。因为不开花的新梢上没有果实，所以 6 月左右在其前端短截后，增加了下一年着生花芽的枝条数量，从而提高产量。

1 新梢长势好，但前端没有花。

2 在距顶端 1/3 左右的位置短截。

石榴的花色泽鲜艳美丽，因此也常作为观赏栽培。

3 开花、人工授粉

➡5 月下旬 ~7 月上旬

因为 1 株树也能结果，所以没有人工授粉的必要。但是，开花期连续下雨的话，坐果就差，所以要进行人工授粉。用笔在花中心轻轻摩擦即可。

4 施 肥

● **基肥：** 12 月 ~ 来年 1 月按 1 千克 / 株施入有机质肥料（配制 A），3 月按 150 克 / 株施入化学肥料。

● **追肥：** 6 月按 50 克 / 株施入化学肥料。开花后立即施肥的话，养分会用于枝叶生长，导致坐果变差，因此需要注意。

5 采 收

➡9月下旬~10月

果实变为赤茶色，果皮开始裂口后便可采收。雨水会从开裂部分侵入，导致果实腐烂，所以要立即采收。不能立即采收的话，用塑料袋等套在果实上，防水侵入。

6 病虫害

●**介壳虫类：**附着在干上，吸取营养。一旦发现，就用刷子等蹭掉。

●**疮痂病：**果实上形成疮痂状的褐色斑点，外观变差。应去掉发病部位。

请教 小林老师

Q 枝条经常折断，究竟是什么原因啊？

A 考虑到多种情况，原因不同，应对策略也不相同。

石榴原本就是枝条容易折断的果树，经常会受到果实或枝条的重量、台风等的影响而折断，但也有因虫害而造成枝条折断的现象。

剖开折断的枝条表面的孔，如果枝条中间形成有空洞，则枝条中间很有可能有害虫。如果不是过大过长的枝条，就剪断枝条，找出害虫并杀死。

因枝条重而折断时，搞好修剪就可以了。疏除徒长枝或杂乱枝，减轻枝条重量即可。

另外，要注意，在引缚树势强旺的枝条或强行拉枝时，也会导致枝条折断。

盆栽要点

6月中下旬控肥

盆栽的栽培方法与庭院栽培的相同。培养成丛生形或模样木形（P29）。为了着生花芽，6月中下旬，控制肥料，促进花芽生长。

盆的大小 栽植于7~8号盆。其后，根据生长情况进行上盆。因为粗根多，注意不要伤了根系。

培养土 将赤玉土与腐叶土按1:1的比例混匀，作为培养土用于栽植。12月~来年1月和5月分别在盆边施入数粒玉肥。

水分管理 空气特别干燥时，2~3天浇水1次，土壤一干就浇水。冬季在上午浇水。

丛生形的修剪

1 伸长过长的直立枝或从下部抽生的枝条，难以着生花芽，应在枝条前端短截。

2 在直立枝前端花芽的上方短截。

3 从植株基部抽生的根蘖，在近地面处疏除。

4 短截后的枝条上抽生着生花芽的枝条。

枇杷

◉ 栽培资料

耐寒性 ●●● **耐热性** ●●● **耐阴性** ●●●

留果量……因品种不同而不同（参照果实管理）

栽培适宜地区…日本房总半岛以西太平洋沿岸的温暖地区

授粉树……不需要

童期……庭院栽培：4~5 年。盆栽：3~4 年

◉ 栽培月历

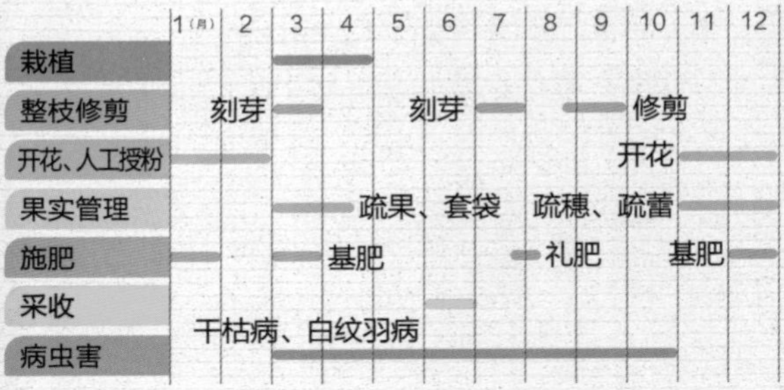

1（月）
2
3
4
5
6
7
8
9
10
11
12
栽植
整枝修剪
刻芽
刻芽
修剪
开花、人工授粉
开花
果实管理
疏果、套袋
疏穗、疏蕾
施肥
基肥
礼肥
基肥
采收
病虫害
干枯病、白纹羽病

品种的选择方法

小果的茂木、大果的田中是代表品种。

温暖地区不限制栽培的品种，但是稍微寒冷的地区，最好选用 6 月中下旬采收的中熟品种或晚熟品种。

因为无论哪个品种单株都可以结果，所以没有必要配置授粉树或进行人工授粉。

推荐的品种（特性与栽培要点）

茂木	早熟品种。略酸，甜味浓。适宜温暖地区栽培。采收期在 5 月下旬 ~6 月上旬
田中	晚熟品种。有酸味。耐寒性较强。采收期在 6 月中下旬
长崎早生	早熟品种。树势强旺，树体高大，生长迅速。适宜温暖地区栽培。采收期在 5 月下旬
房光	中熟品种。易培养成小型树形。比较寒冷的地区也能栽培。主要用于家庭栽培。采收期在 6 月上旬
汤川	中熟品种。易培养成小型树形。与长崎早生或茂木相比，主要用于比较寒冷的地区栽培。采收期在 6 月上中旬

田中

1 栽 植 ➡ 3~4 月

栽植时期是天气转暖的 3~4 月。栽植后，不需要短截苗木顶端。因为根系浅，在根系扩展的数年内，需要立支柱保护苗木。

❶ 挖直径为 40 厘米、深 40 厘米左右的栽植坑，将挖出的土与堆肥混匀。

❷ 将 ❶ 的一半土中加入油渣、鸡粪，混匀后回填。

❸ 与留下的一半土浅栽，立支柱，固定苗木。

2 整枝修剪 ➡ 8 月下旬 ~9 月

果实的着生方式

春季，从上一年抽生的枝条顶端抽生很短的春枝（中心枝），其顶端在 8 月形成具有大量花蕾的花序。11 月 ~ 来年 2 月，花序开花结果，5~6 月成熟。

春枝的侧芽，5~7 月抽生夏枝，9~10 月抽生秋枝。这些枝条（副梢）上很难结果，即使结果，果实也很小。

7~8 月
春枝
（中心枝）
夏枝
（副梢）
上一年抽
生的枝条
10 月以后
花
秋枝
夏枝上也着
生花序
花序（果穗）
副梢呈车
轮状抽生

培养方法与修剪要点

因为树势强，所以要将主枝水平引缚以缓和树势，培养成半圆形。这样，树体内部光照得到了改善，也便于操作。夏枝、秋枝（副梢）开始抽生时，进行隔芽抹除后，疏除朝上生长的枝条或密挤枝即可。

半圆形的培养

第 2 年的冬季

在新抽生的枝条中，选留 2 根，疏除其余枝条。为了提高产量，留下的枝条上的副梢不去掉也可以。

第 3 年的冬季

将 2 根主枝在 1.5 米高处水平引缚。树势缓和后，容易成花结果。应疏除朝上生长的枝条。

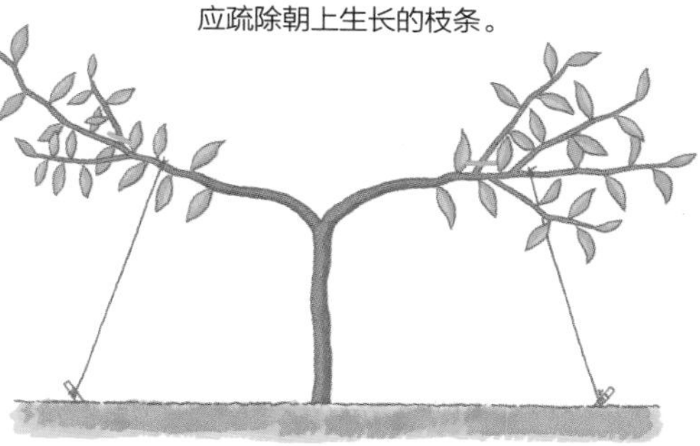

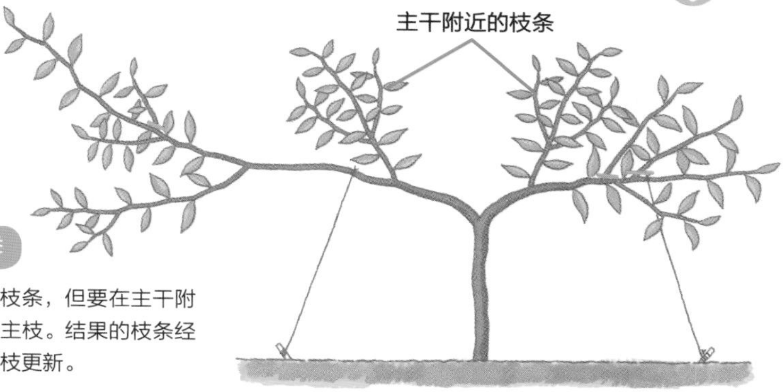

第 4 年以后的冬季

虽然要疏除朝上生长的枝条，但要在主干附近留 2 根新梢作为预备主枝。结果的枝条经过 2~3 年后疏除，用嫩枝更新。

专业技巧 增加产果量

留 2 根夏枝，以提高产量

通过隔芽抹除后抽生的夏枝（新梢），不会着生好的花芽，并且同一部位车轮状抽生多根枝条，修剪时要进行疏除。这时留 2 根夏枝，来年从留下的枝条上抽生新梢、结果。

1 疏除从春枝（中心枝）旁边车轮状抽生的夏枝（副梢）。

2 不要疏除全部夏枝，应留下 2 根。来年从留下的夏枝上抽生新梢、结果。

3 开花、人工授粉

➡11 月 ~ 来年 2 月

虽然只有 1 株树也能结果，没有必要配置授粉树，但进行人工授粉后，会提高坐果率。

4 果实管理

➡11~12 月疏除花序、疏蕾，3 月 ~4 月中旬疏果、套袋

疏除花序、疏蕾

新梢顶端着生大量的果穗，全部留下结果的话，果实会很小，所以要在 11~12 月疏除果穗。应去掉一半果穗，留下果穗顶端的花蕾。茂木品种留中部的 2~3 穗，田中品种自下而上留第 2~3 穗。

疏果、套袋

为了防止冻害受灾，平衡分散结果，要在 3 月进行疏果。果个稍小的田中品种每穗留 3~5 个果，大果的田中品种每穗留 1~3 个果。疏果后套袋保护果实，能够防止虫害或鸟害。

茂木品种疏除花序、疏蕾

操作前
疏除
1 茂木品种的果穗。首先，疏除下部的果穗。疏除时用修枝剪去掉。
去掉的部分
2 疏除上部的果穗，茂木品种留下中间的果穗。
3 疏除留下的果穗顶端大约一半的花蕾。
操作后
去掉的部分
4 去掉后的状态。其他的果穗用同样的方法疏除。

茂木品种的疏果

1 去掉小果、伤果等。

2 茂木品种留 5 个果。

疏掉

5 施肥

●**基肥：**12 月 ~ 来年 1 月按 1 千克 / 株施入有机质肥料（配制 A），3 月按 500 克 / 株施入化学肥料。

●**礼肥：**果实采收后的 7 月下旬 ~8 月上旬，按 40 克 / 株施入速效性的化学肥料。

6 采收

➡6 月

果实颜色转黄，散发出独特的香甜味道时采收。果实不采收、仍然挂在树上的话，会因水分散失而萎蔫，口感也会变差。

7 病虫害

●**干枯病：**芽、枝叶、果实、主干等多个部位都会发病，并能够在主干上移动。如果果实上有黑色的斑点，不进行处理的话，就会枯萎。因为多是苗木感染，所以购买苗木时要仔细确认。因为病菌是从伤口开始感染的，所以注意不要让树体受伤。

●**白纹羽病：**白色的菌丝在根部繁殖，引起树枯。要去掉受害部位并烧毁，同时再进行土壤消毒。

盆栽要点

预防冬季严寒

盆栽的栽培方法与庭院栽培的基本相同。请摆放在日照充足的地方。寒冷时期移到屋檐下或室内等处，以防受冻。

盆的大小 栽植于 6~7 号盆。结果后，每隔 1 年上盆 1 次。

培养土 将赤玉土与腐叶土按 1:1 的比例混匀，作为培养土用于栽植。12 月 ~ 来年 1 月和 6 月下旬分别施入数粒玉肥。

水分管理 夏季，1 天浇水 2 次；除此以外的季节，1 天浇水 1 次。

水平开心形的培养

1 因为枝条朝上生长，花芽难以形成，所以要立支柱将枝条水平引缚。

2 支柱与主干用绳子固定，枝条水平引缚。疏除分枝枝条顶端的弱枝。

3 引缚枝条，缓和树势，这样容易形成花芽。

请教 小林老师

Q 不结果究竟是什么原因？

A ❶ **栽培区域过冷**

冬季气温在 0℃以下的地区，花蕾或花会冻死，授粉所需要的蜜蜂不活动，不能结果。在这种地区要选择抗寒性强的品种，采用便于温度管理的盆栽方式。

❷ **树势过强**

枝条过长，果实得到的养分不足，坐果就会变差。修剪时疏除朝上生长的枝条或密挤枝，将枝条水平引缚，缓和树势，利于结果。

毛樱桃

◉ 栽培资料

耐寒性 ●●● **耐热性** ●●● **耐阴性** ●●●

留果量…………2~3 片叶供应 1 个果

栽培适宜地区…在整个日本都能栽培

授粉树…………不需要

童期……………庭院栽培：2~3 年。盆栽：2~3 年

◉ 栽培月历

	1(月)	2	3	4	5	6	7	8	9	10	11	12
栽植	━	━	━									━
整枝修剪	冬季修剪	冬季修剪	冬季修剪			夏季修剪	夏季修剪					
开花、人工授粉				开花								
果实管理					疏果							
施肥	基肥		基肥						礼肥			基肥
采收						━						
病虫害				介壳虫类	介壳虫类							

品种的选择方法

有开红花的红果系列和开白花的白果系列，但特别之处在于没有品种名，在超市简单地标注毛樱桃的名称。

红果系开花期稍早，相比之下一般用于栽培。白果系的特点是果个稍大，但结果量少。

白果系的毛樱桃

1 栽植 ➡12 月～来年 3 月

选择光照充足的地方栽植。因为冬季天气有点干燥，所以栽植后，最好在植株基部覆盖稻壳或腐叶土等。

❶ 挖直径为 40 厘米、深 40 厘米左右的栽植坑，将挖出的土与腐叶土混匀。

❷ 将❶的一半土中加入油渣、牛粪等，混匀后回填，用剩余的土栽植苗木。

❸ 在 40~50 厘米处短截，立支柱固定。

2 整枝修剪 ➡1~3 月

果实的着生方式

从上一年抽生的枝条顶端到中间部分着生花芽（纯花芽），这些花芽在春季开花结果。也有花芽与叶芽合为一体的复芽。像桃、梅一样，毛樱桃的短果枝上着生大量充实的花芽。

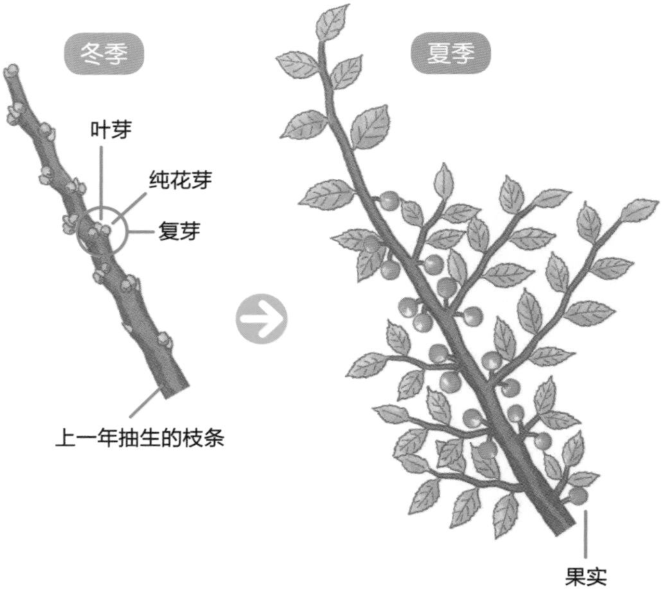

培养方法与修剪要点

从主干上抽生的枝条呈圆锥形，最后培养成变则主干形。放任不管的话，随着枝条不断抽生，会导致光照恶化，着生花芽或果实变差，因此需通过冬季修剪疏除密挤枝或徒长枝。并且，还要短截留下枝条的顶端，促进第 2 年着生好花芽的短果枝的抽生。

短截徒长枝顶端

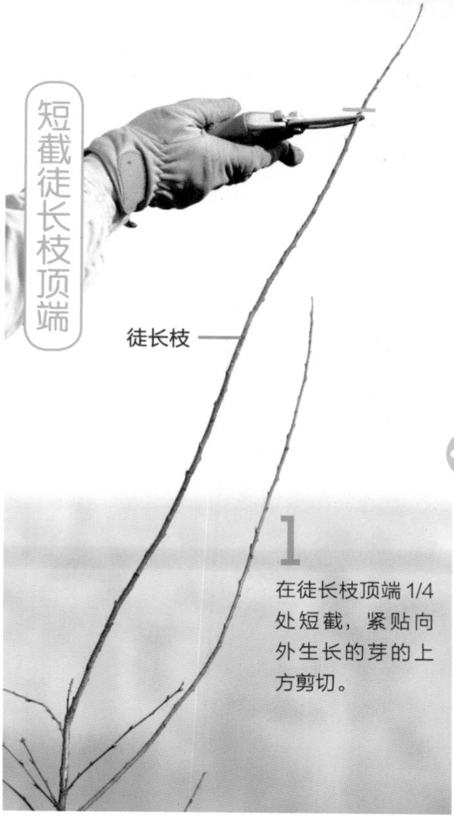

1 在徒长枝顶端 1/4 处短截，紧贴向外生长的芽的上方剪切。

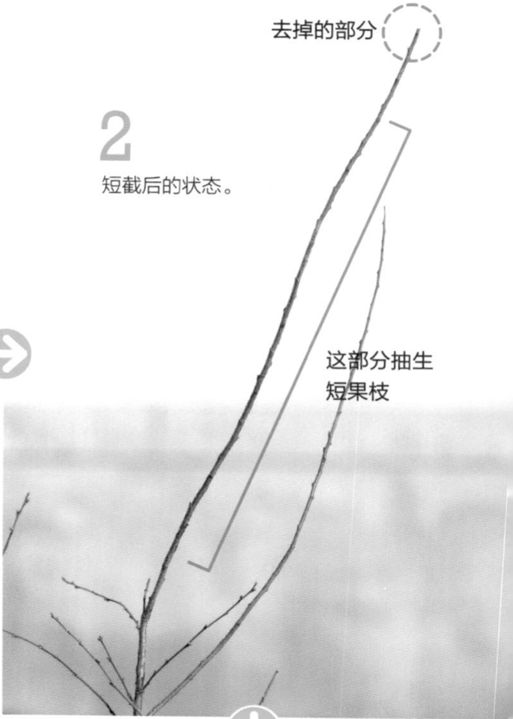

2 短截后的状态。

变则主干形的培养

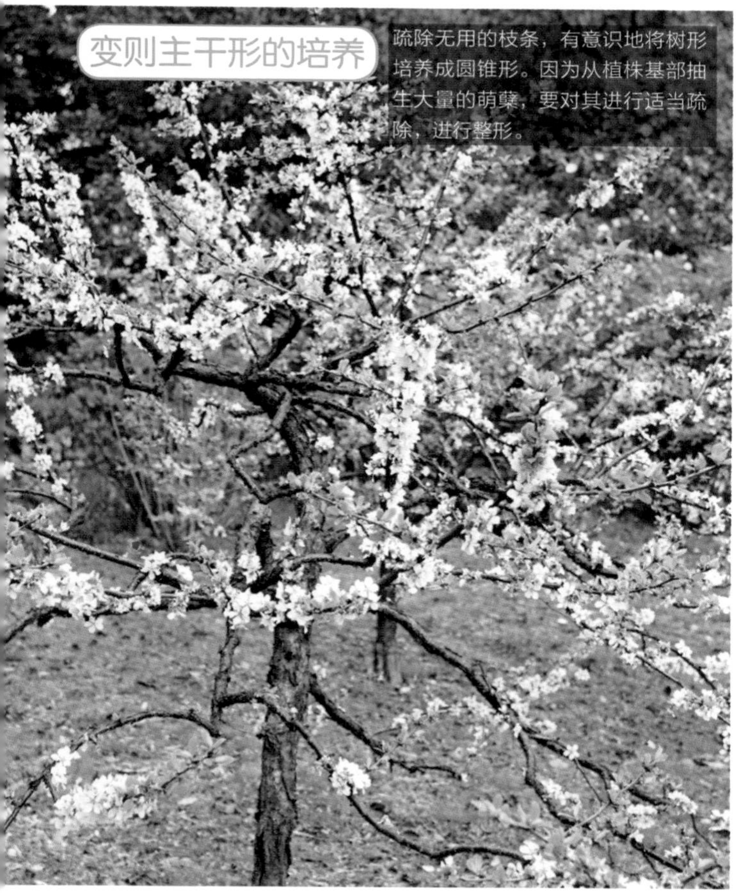

疏除无用的枝条，有意识地将树形培养成圆锥形。因为从植株基部抽生大量的萌蘖，要对其进行适当疏除，进行整形。

第 2 年

第 2 年的枝条上会抽生大量的短果枝。

专业技巧

增加产果量

通过夏季修剪生产优质果

春季以后抽生的徒长枝会扰乱树形，除了导致光照恶化外，枝条生长还会消耗养分，导致花与果实的生长受阻。因此，6~7 月疏除徒长枝，在留下的枝条顶端短截。第 2 年，从短截的枝条上抽生大量的短果枝，这直接关系着产量的提升。

1 徒长枝密挤，光照恶化。

2 新梢容易呈扫帚状发出。应疏除直立向上伸长的枝条或向下的枝条。

3 在留下的枝条顶端短截后，第 2 年容易抽生短果枝。

消除了枝条的密挤状况，改善了树体内堂的光照与通风条件。

请教 小林老师

Q 像结草虫一样的东西吊了很多，树木逐渐枯萎，怎么办？

A 考虑到多种情况，原因不同，应对策略也不相同。

吊着的是卷叶虫的幼虫。卷叶虫将叶片卷起来并吃掉叶片，该虫大量发生后树体会变弱。要捕杀或摘除有虫的叶片。

Q 叶片从基部变色，逐渐开始落叶，究竟是什么病？

A 从叶片尖端开始变色，枯萎落叶，是由于水分不足、干燥引起的。叶片从基部变色、落叶，是根腐病。

毛樱桃抗涝性差，排水不良时易引起根腐。移栽到排水良好的地方，或在土中加入大量的腐叶土，改善排水情况，都有效果。

3 开花、人工授粉 4 果实管理

4 月上旬开花，没有必要进行人工授粉。结果过多会导致树体衰弱，所以在 5 月上旬按照 2~3 片叶供应 1 个果的标准，进行疏果。

5 施 肥

●**基肥：** 12 月 ~ 来年 1 月按 1 千克 / 株施入有机质肥料（配制 A），3 月按 500 克 / 株施入化学肥料。

●**礼肥：** 9 月按 30 克 / 株施入化学肥料。

6 采 收

➡6 月

果实呈红色变软时即可采收。因为不耐贮，所以采后要立即鲜食或加工成果酱。

7 病虫害

因为成熟的果实会遭受鸟害，所以要用防鸟网预防。

●**介壳虫类：** 附着在叶片或枝条上，吸食树液。一经发现，就用刷子刷掉。

盆栽要点

主要进行疏除修剪

因为小型树形牢固，所以在树形培养或果实管理方面，即使不需要那么谨小慎微，也要好好培育。但是为了防止坐果差，对无用枝条要坚定地进行疏除。一般是在主干伸长的顶端配备好几个主枝或培养成盆栽盛行的漂亮的模样木形（P29）。

盆的大小 栽植于 5~10 号盆。栽植后，在 20~30 厘米高处短截掉顶端。

培养土 将赤玉土与腐叶土按 1:1 的比例混匀，作为培养土备用。12 月 ~ 来年 1 月和 8 月分别施入数粒玉肥。

水分管理 盆土干燥就要浇水。因为抗涝性差，所以浇水不要过量。

盆栽树形的培养方法

1 细小枝条抽生量大，春季以后枝条交叉。

2 疏除交叉枝。像图中那样，为了控制树高，疏除中心的枝条。

3 对于放任状发出的枝条，为了树形开张，留下外侧的枝条，疏除内侧的枝条。

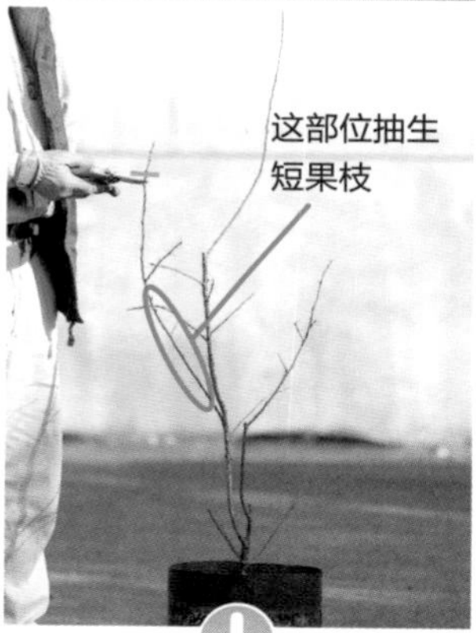

4 短截掉留下枝条顶端 1/4 左右的部分，促进抽生短果枝。

5 像图中那样整理枝条后，会改善花芽形成与结果的条件。

板栗

◉ 栽培资料

耐寒性 🍎🍎🍎　**耐热性** 🍎🍎🍎　**耐阴性** 🍎🍎🍎

留果量…………不需要疏果

栽培适宜地区…在整个日本都能栽培

授粉树…………必须有

童期……………庭院栽培：3~4 年。盆栽：3 年

◉ 栽培月历

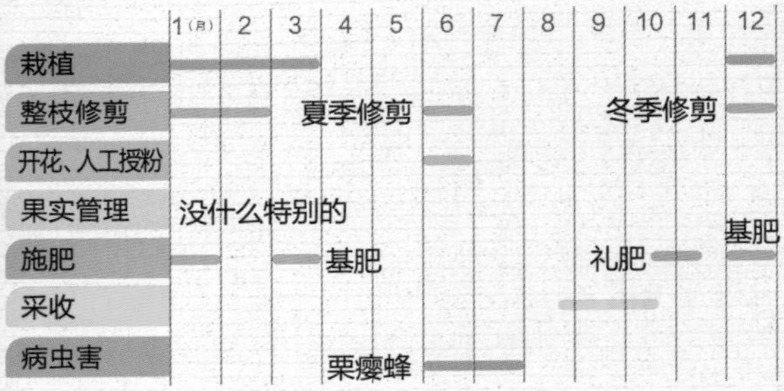

品种的选择方法

适于日本气候的日本板栗最容易栽培。但是中国板栗、欧洲板栗等海外品种大量充斥日本市场。最好选用对栗瘿蜂抗性强的品种。因为 1 株树难以结果，所以一定要栽植 2 株不同品种的树一起。

推荐的品种（特性与栽培要点）	
丹泽	早熟的代表品种。适于小冠栽培。采收时期是 9 月上旬
筑波	品质上乘、贮藏性好的中熟品种。采收时期是 9 月中下旬
石锤	品质好的晚熟品种。小冠栽培，结果量大。抗栗瘿蜂强。采收时期是 10 月上中旬
森早生	品质好的早熟品种。对栗瘿蜂的抗性强。采收时期是 8 月下旬 ~9 月上旬
国见	个大、品质好的早熟品种。抗栗瘿蜂、胴枯病。采收时期是 9 月上中旬
银寄	有香味、甜味浓的中熟品种。抗栗瘿蜂。采收时期是 9 月下旬 ~10 月上旬
利平栗	日本板栗与中国板栗杂交的中熟品种。果肉黄色，甜味浓。采收时期是 9 月下旬 ~10 月上旬

1 栽植 ➡12 月 ~ 来年 3 月

寒冷地区在 3 月上旬栽植。因为在背阴处生长差、不结果，所以要选择光照好的地方栽植。树木成龄后需要大的空间，所以要留有余地。因为板栗更适于肥沃的土壤，所以土壤管理非常必要。

2 整枝修剪 ➡6 月 夏季修剪、12 月 ~ 来年 2 月 冬季修剪

果实的着生方式

板栗是雌雄异花植物，同一株树上有产生花粉的雄花和结果的雌花，并且是分别开放。在上一年抽生的枝条顶端部位着生 1~3 个花芽（混合花芽），从此抽生新梢，在新梢的叶腋间着生雄花，基部着生雌花并开花结果。与其顶端相比，下部的花芽抽生的新梢只着生雄花，基部的叶芽没有花。在光照差或生长差的枝条上，雌花有时也不开。

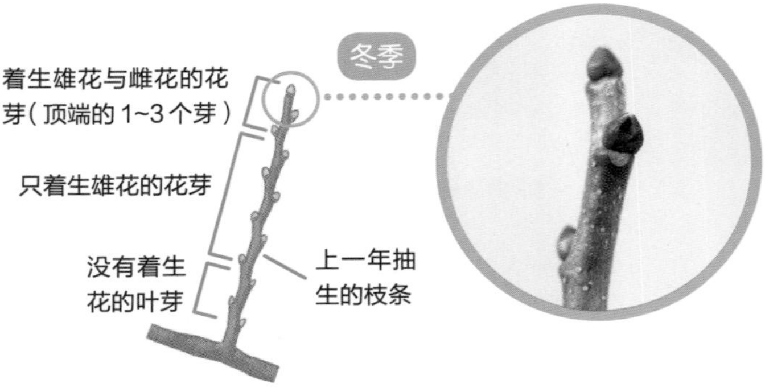

顶端的花芽。从这些芽抽生的新梢叶腋间开雄花，基部附近开雌花。

培养方法

培养成自然开心形或变则主干形。如果是变则主干形，干高2~3米，其上抽生2~3根主枝。

树高过高，坐果会变差，所以留下2~3根主枝，即可去掉主干。

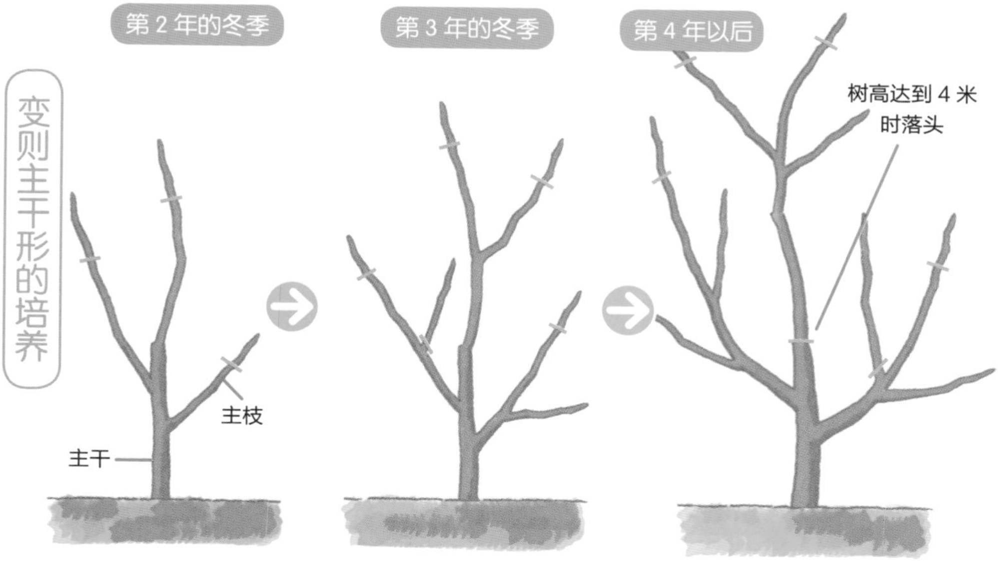

1 确定作为主枝的枝条，在枝条顶端1/4 ~1/3处短截。

2 疏除徒长枝或杂乱的枝条等，在枝条顶端1/4~1/3处短截。

3 疏除无用的枝条，确保内部枝条的光照。抽生的枝条在顶端短截。预备结果的枝条，不要去掉着生雌花的顶端附近的花芽。

修剪要点

◎ 夏季修剪

从春季到夏季，新梢长长，但是要疏除引起结果的枝条或果实光照恶化的新梢。

1 从冬季疏除的地方开始抽生新梢。放任其生长会形成轮生枝，所以要疏除。

2 从基部疏除。

3 用同样的方法，整理从剪口抽生的新梢或密挤的新梢。

◎ 冬季修剪

因为光照恶化的枝条几乎不着生雌花，也不会结果，所以应通过冬季修剪疏除不要的枝条，以利于改善树体内侧的光照。最好疏除长度在 15 厘米以内的枝条。并且，因为只有顶端的 1~3 个芽着生果实，所以最好不要对需要结果的枝条顶端短截。

整理不要的枝条，改善光照

1 因为板栗大多只在光照较好的树冠外侧结果，所以为了使树体内侧也结果，就要疏除竞争性枝条、交叉枝等密挤枝条，改善光照。

2 扫帚状的徒长枝向上伸长。这样的枝条会引起光照恶化，要从基部疏除。

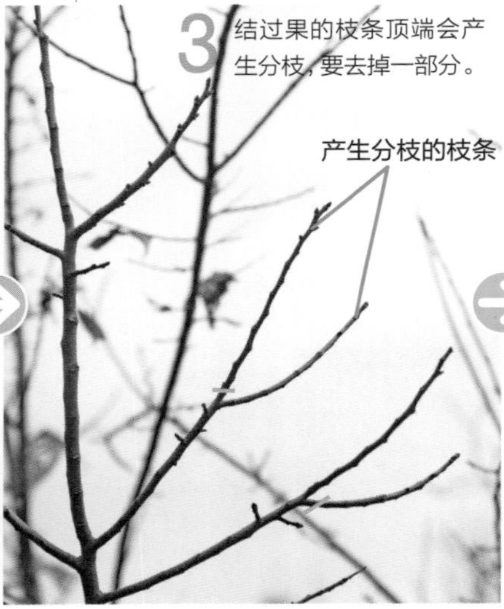

3 结过果的枝条顶端会产生分枝，要去掉一部分。

4 靠上的分枝部分，应疏除与上部的枝条形成平行枝的枝条；靠下的分枝部分，应去掉朝下的枝条。

5 去掉不要的枝条，尽量扩大太阳照射的面积。

专业技巧　增加产果量

将徒长枝变为结果枝

因徒长枝会引起光照恶化，故而疏除。若全部疏除后树体空旷，可以留下几根，在留下的枝条顶端短截。这样，那些枝条上就会抽生能结果的枝条，有效地利用了空间。

留下的枝条结果后，于当年疏除。对于梅、梨来说，这也是一个有效措施。

操作前
因为有空间，即便是徒长枝，也不疏除，而是进行短截。

操作后
短截后，下一年就会抽生能结果的枝条，从而提高产量。
去掉的部分

3 开花、人工授粉

➡6 月

因为 1 株板栗树不能结果，所以同时期开花的不同品种要一起栽植。虽然不进行人工授粉也能结果，但是如果附近没有授粉树时，必须进行人工授粉，以确保能够结果。

4 施 肥

● **基肥：** 12 月 ~ 来年 1 月按 1 千克 / 株施入有机质肥料（配制 A），3 月按 400 克 / 株施入化学肥料。

● **礼肥：** 10 月中旬 ~11 月中旬，按 100 克 / 株施入化学肥料。

5 采 收

➡8 月下旬 ~10 月中旬

刺球变褐、变硬，能够从裂口处看见里面的果实，就说明成熟了。因为刮风等会引起自然落果，所以要每隔几天捡拾采收掉落的板栗。

6 病虫害

● **栗瘿蜂：** 6~7 月，在芽上产卵为害。发生部位会形成虫瘿，阻止新梢生长。摘除发生部位并烧毁。虽然没有有效的防除方法，但是最好在修剪时疏除弱枝，降低害虫的繁衍密度。

请教　小林老师

Q 果实成熟前脱落，究竟是怎么回事？

A 如果是 7 月落果，属于早期落果现象。原因主要是营养不良或树势衰弱。在供应肥料的同时，要注意防止干燥、确保光照。8 月的掉落被称为后期落果，由授粉不足引起。如果授粉树栽植过远，请在 10~20 米距离内移栽 1 株授粉树或进行人工授粉。

巴婆

◉ 栽培资料

耐寒性 **耐热性** **耐阴性**

留果量…………10 片叶供应 1 个果

栽培适宜地区…适于温暖地区，日本北海道以南可以栽培

授粉树…………必须有

童期……………庭院栽培：4~5 年。盆栽：3~4 年

◉ 栽培月历

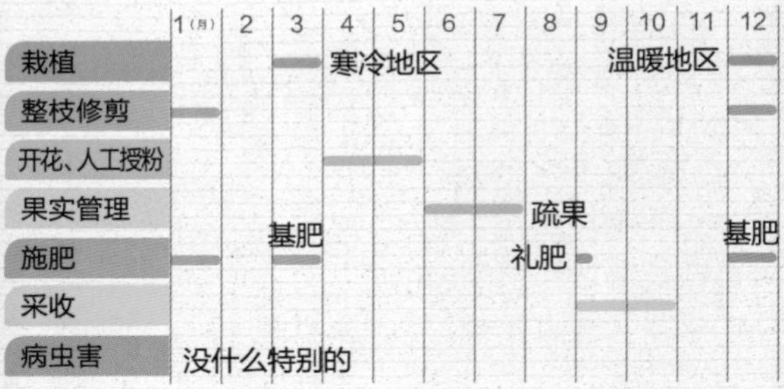

1（月） 2 3 4 5 6 7 8 9 10 11 12
栽植
寒冷地区
温暖地区
整枝修剪
开花、人工授粉
果实管理
疏果
施肥
基肥
礼肥
基肥
采收
病虫害
没什么特别的

品种的选择方法

虽然 1 株树也能结果，但是品种不同，开花期、采收期、耐寒性等都各不相同，请认真确认后再购买。选用 2 个以上品种一起栽植，以确保坐果。

推荐的品种（特性与栽培要点）	
威尔士	结果量大，果个也大。耐寒性强，可在日本全国栽培
日花	结果量大的早熟品种。果肉金黄色
米切尔	果实具有香蕉的香甜味道，是结果量大的早熟品种
NC1	加拿大培育的新品种。果实个大、味浓，耐寒性也强，能在日本全国栽培
威尔胜	果实个大，有甜味。早熟品种。栽培也比较容易

威尔士

1 栽植

➡ 12 月、3 月

温暖地区在12月栽植，寒冷地区在 3 月栽植。喜欢湿润土壤。栽植后，在植株基部覆盖稻壳。

2 整枝修剪

➡ 12 月 ~ 来年 1 月

果实的着生方式

从上一年抽生的枝条中部到基部着生花芽（纯花芽），来年春季由这些花芽开花，秋季结果。10 厘米左右的短果枝，在其顶端着生花芽。

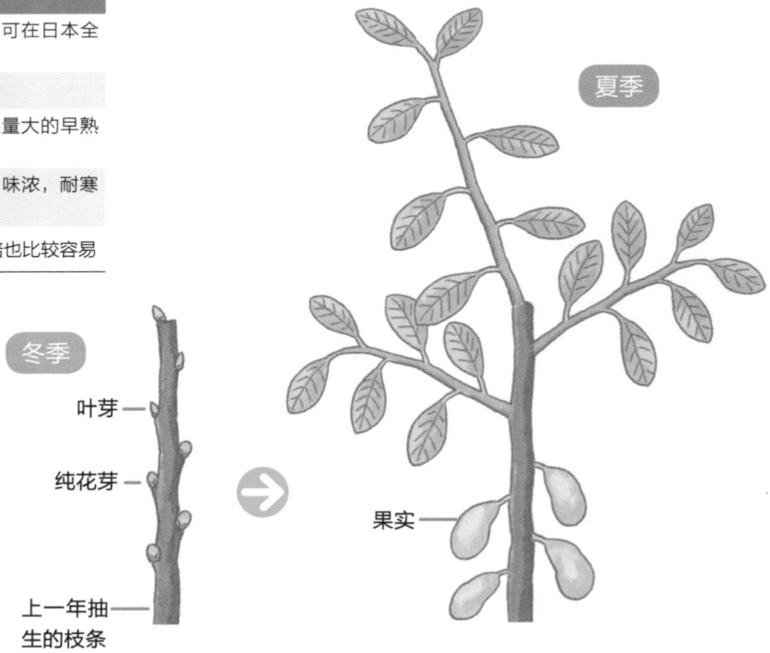

冬季
叶芽
纯花芽
上一年抽生的枝条
夏季
果实

第 6 年树的丛生形培养。拉开枝条，立支柱，用绳子固定。

培养方法与修剪要点

因为植株直立性强，会从基部大量抽生长势旺的枝条，所以培养成丛生形。因为树高能达到 3~5 米，所以要短截主干，控制高度，最好将 2~3 根主枝培养成圆锥形的变则主干形（P28）。

修剪主要是以疏除为主，去掉轮生枝或平行枝等不要的枝条。

整理密挤枝

修剪前

枝条呈扫帚状抽生，造成密挤。整理徒长枝等不要的枝条。

修剪后

整理不要的枝条，留下向外侧延伸的枝条或芽，形成易坐果的树形。

操作1 徒长枝、内向枝的整理

1 疏除长势旺的徒长枝，降低树体高度。

2 疏除内向枝，留下向外侧延伸的枝条。

3 用同样的方法重复操作，剪掉徒长枝，留下向外侧延伸的枝条。

操作2 整理顶端部分

1 枝条前端大多有 3 个分枝，因为会争夺养分，所以疏除 1 根。

2 对于交叉枝、生长差的枝条，从基部疏除。

3 用同样的方法，整理顶端部分的分枝。

专业技巧 增加产果量

短截顶端，花芽倍增

枝条顶端短截、留下叶芽后，春季以后，由叶芽抽生充实的枝条。这样产生的分枝，就增加了着生花芽的枝条。

疏果
小果
1 以小果、伤果为主，进行疏果。

2 最终保证10片叶供应1个果，1根枝条有1~2个果。

3 开花、人工授粉

➡4~5月

雄蕊比雌蕊早成熟。因此，2个品种一起栽植，要采集雄蕊保存备用或直接给雌蕊授粉。通过人工授粉，能确保授粉结果。

4 果实管理

➡6~7月

挂果量大时，按照10片叶供应1个果，1根枝条留1~2个果的标准，进行疏果。

5 施肥

➡8月下旬~10月中旬

● **基肥：**12月~来年1月按1千克/株施入有机质肥料（配制A），3月按100克/株施入化学肥料。

● **礼肥：**9月上旬，按50克/株施入化学肥料。

6 采收

➡9~10月

果实变成黄色，触碰感到柔软时，就到了采收时期。成熟后会自然落果。采收后，放到阴凉的地方，经过2~3天后熟，香味会更好，甜味会增加。

7 病虫害

几乎没有造成严重危害的病虫害。

请教 小林老师

Q 叶片枯萎，究竟是为什么啊？

A 可能是水分不足。巴婆抗旱性非常差，庭院栽培、盆栽在水分不足时，叶尖会变成茶色，逐渐开始枯萎。请不要疏忽水分管理。

另外，盆栽时，树体生长也可能引起卷根。卷根后，根系吸不上水，到了6月要用大盆进行1次上盆。

盆栽要点

栽植2株或进行人工授粉，确保坐果

因为巴婆直立性强，对于抽生的枝条，尽量按照盆高度的2.5~3倍进行短截，培养成小型树形。庭院栽培也一样，应同时栽植2株或进行人工授粉，以改善坐果。

盆的大小 栽植于6~8号盆。

培养土 将赤玉土与腐叶土按1:1的比例混匀，作为培养土，用于栽植。12月~来年1月和8月各施入数粒玉肥。

水分管理 冬季土壤变干，白天少量灌水。夏季每天浇2次足水。

费约果

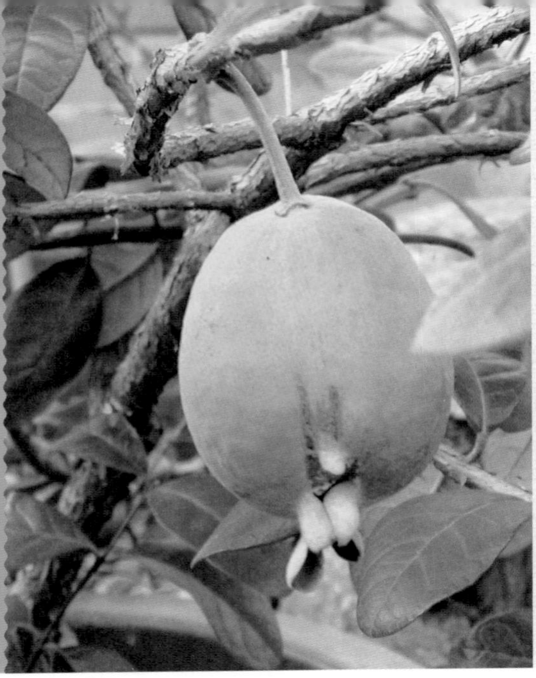

◉ 栽培资料

耐寒性 ●●● **耐热性** ●●● **耐阴性** ●●●

留果量…………不要疏果

栽培适宜地区…日本关东地区南部以西的太平洋沿岸

授粉树…………必须有

童期……………庭院栽培：4~5 年。盆栽：3~4 年

◉ 栽培月历

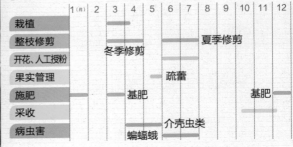

	1(月)	2	3	4	5	6	7	8	9	10	11	12
栽植			━	━								
整枝修剪			━ 冬季修剪	━		━	━ 夏季修剪					
开花、人工授粉						━	━					
果实管理					━ 疏蕾							
施肥	━		━ 基肥									━ 基肥
采收										━	━	
病虫害				━ 蝙蝠蛾	━	━ 介壳虫类	━					

品种的选择方法

因为大多数品种单株栽培不能很好地结果，所以最好 2 个品种同时栽植，花粉量大的适于作为授粉树。栽培比较容易。

推荐的品种（特性与栽培要点）	
阿波罗	果个大、香味好的代表品种。单株能够结果。
柯立芝	单株能够结果。花粉多，用作授粉树。
特拉斯克	单株能够结果。香味好。栽培比较容易。
双子座	单株能够结果。但是，栽植授粉树能增大果个。
猛犸	能结大果。需要授粉树。
黛安芬	香味好，果个大。单株坐果差，需要授粉树。

1 栽植

➡ 3 月 ~4 月上旬

费约果是比较抗寒的果树，但是遭遇几次霜后会使树势衰弱，所以要避开在 0℃的持续期栽植。要扩根栽植，注意不要深栽。栽植后，在植株基部覆盖稻壳等防寒。

2 整枝修剪

➡ 3~4 月冬季修剪、6~7 月夏季修剪

果实的着生方式

上一年抽生的枝条顶端 2~3 个芽着生花芽（混合花芽），到了春季，这些花芽抽生的新梢基部 2~3 节每节对生 2 个花芽，开花结果。

培养方法

枝条开张，易产生大量分枝。树体高度的管理比较容易。最好对主干短截，抽生的枝条呈圆锥形，树高维持在 2~3 米，培养成变则主干形（P28）。

特拉斯克

费约果的花芽与叶芽

修剪要点

◎ 冬季修剪

在萌芽前 3~4 月进行修剪。为了改善树体内部光照，疏除密挤枝、向内侧延伸的内向枝、长势过旺的徒长枝等。枝条顶端着生花芽，树形培养好后不要进行短截修剪。

疏除内向枝,改善光照
内向枝
1 因为有内向枝，使得枝条密挤

去掉的部分
2 将内向枝从基部彻底疏除。

短截留下要结果的枝条
操作前
1 从长势旺的枝条中部短截，让其抽生可以结果的枝条。
长势旺的枝条
能结果的枝条

2 长势旺的枝条从基部疏除。如果有能结果的枝条时，留下结果枝短截。

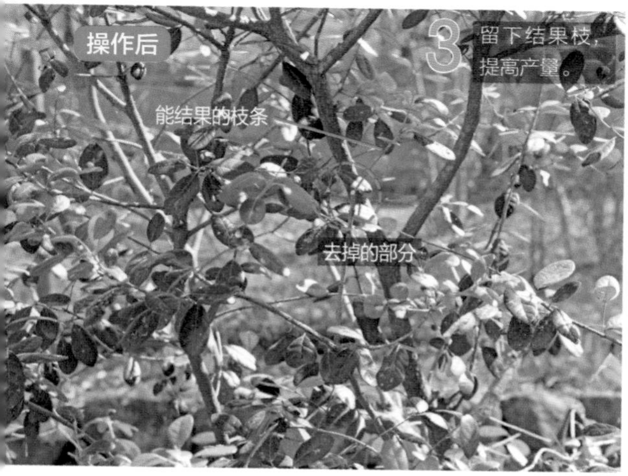
操作后
3 留下结果枝，提高产量。
能结果的枝条
去掉的部分

请教 小林老师

Q 如果把盆放在室外就会枯萎，为什么？

A 可能是寒冷的原因。虽然费约果是比较抗寒的果树，特别是盆栽，但土壤冻结后，就会出现冻根、枯萎。叶片抗寒性比枝条差，采收期的 11~12 月遭受寒冷，果实品质也会下降。庭院栽培时，可在支柱基部覆盖稻壳等；盆栽要移到屋内或房檐下。

修剪要点

◎ 夏季修剪

开春后，3~4 月从修剪的剪口抽生大量的枝条。6~7 月，为了确保通风透光，防止这些枝条徒长而对其进行疏除。不进行疏除修剪，短截新梢顶端，就会形成徒长枝。

疏除内向枝，改善光照

1 3~4 月从修剪的剪口抽生扫帚状的枝条，此时应疏除直立的枝条。

2 去掉后的状态。改善光照，养分供给结果枝。

专业技巧 提高坐果率

果断疏除形成第 2 层的枝条

徒长枝任其生长的话，有时枝条扩展成 2 层。这样，上面的枝条扩展后，通风透光恶化，所以要从基部疏除。

1 枝条扩展成 2 层，由此形成的徒长枝要从基部疏除。

2 禁止上部枝条扩展，周围的光照得到改善。

3 开花、人工授粉

➡6~7 月

单株不能授粉的品种，需要用其他品种的花粉进行人工授粉。开花期与梅雨期重叠时，花粉易受雨水冲刷。单株能够授粉的品种也可进行人工授粉，可以改善坐果。

费约果的花。中间长的 1 根是雌蕊，周围短的是雄蕊

4 果实管理

➡5 月中下旬

疏蕾

枝条顶端结的果实不大，枝条基部结的果实大。留下基部的 2 个花蕾，去掉顶端的花蕾。

5 施 肥

●**基肥：** 12 月 ~ 来年 1 月按 1 千克 / 株施入有机质肥料（配制 A），3 月按 400 克 / 株施入化学肥料。

6 采 收

➡10 月中旬 ~12 月上旬

即使成熟以后，果实也是绿色的，果皮也很坚硬。成熟后的果实有自然落果现象，采收落果或用手轻碰就能自然脱落的果实。采收后，在 15~20℃条件下放 7~15 天后熟，味道更好。

7 病虫害

●**介壳虫类：** 会引起煤污病，一旦发现，就用刷子等刷掉。

●**蝙蝠蛾：** 6~7 月发生，幼虫在树体内部为害。幼虫会从杂草上迁移，所以植株基部的除草工作要彻底。一旦发现虫体，立即捕杀。

盆栽要点

寒冷时期移到温暖地方

与庭院栽培相同，要 2 个品种一起栽培。虽然不是抗寒性较弱的果树，但是 0℃以下的持续天气会使树体衰弱，因此寒冷时期要移到光照好的房檐下或室内。

盆的大小 栽植于 6 号大小的盆。

培养土 将赤玉土与腐叶土按 1:1 的比例混匀，作为培养土，用于栽植。12 月 ~ 来年 1 月在盆边压入数粒玉肥。

水分管理 夏季每天浇 2 次足水，冬季土壤变干时浇水。

改善坐果的培养方法

1 枝条长势旺，向上延伸，这种情况难以着生花芽。

2 立支柱，将枝条引缚拉开。疏除从地面抽生的枝条，短截徒长枝的顶端。

花梨、榅桲

榅桲

◉ 栽培资料

耐寒性 ●●● **耐热性** ●●● **耐阴性** ●●●

留果量…………花梨 20~25 片叶供应 1 个果
榅桲 大果 60 片叶供应 1 个果、小中果 40 片叶供应 1 个果

栽培适宜地区…日本北海道南部以南，少雨、夏季凉爽的区域（温暖地区成熟前有落果现象）

授粉树…………花梨不要，榅桲要

童期……………庭院栽培：4~5 年。盆栽：3 年

◉ 栽培月历

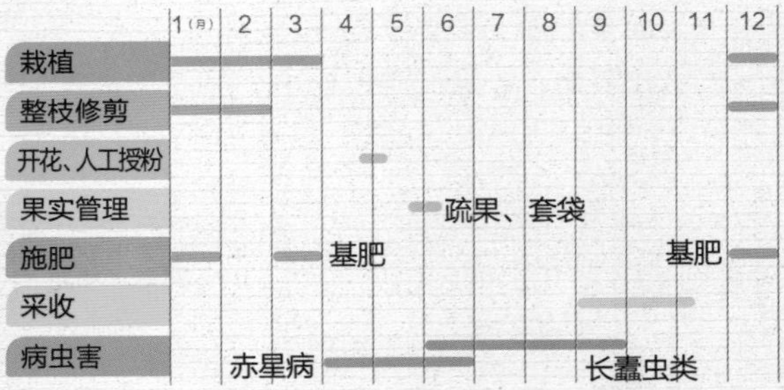

品种的选择方法

花梨没有特殊品种，但根据树形、果个大小等不同特点有好几个品系。单株能够结实。

榅桲除了原生种外，还引进有外来种。与花梨不同的是，榅桲单株难以结果，需要授粉树。

榅桲

推荐的品种（特性与栽培要点）

● 榅桲

斯密露娜	外来种。果个大。成熟后，果肉果皮均是黄色。单株也容易结果
冠军	外来种。果个大，耐贮性好。作为观赏树也很受欢迎
香橙	外来种。果实比斯密露娜、冠军小，稍酸
香榅桲	斯密露娜与原生种的杂交种。像名字一样具有香味
原生种	花粉多。单株也能结果。主要用作授粉树

1 栽 植 ➡12 月 ~ 来年 3 月

栽植于从冬到春排水良好的地方。花梨、榅桲都不耐干燥，栽植后要充分灌水。

❶ 挖直径为 40 厘米、深 40 厘米的栽植坑，将挖出的土与腐叶土混匀。

❷ 将❶的一半土加入油渣、牛粪等，混匀后回填；用剩余的培养土栽植苗木。

❸ 立支柱固定，在 40~50 厘米处短截，浇水。

2 整枝修剪 ➡12 月 ~ 来年 2 月

果实的着生方式

花梨，在上一年抽生的短果枝顶端着生好花芽（混合花芽），春季花芽抽生新梢，在其顶端结果。上一年抽生的长果枝，枝条中部到基部着生花芽。

榅桲，在上一年抽生的枝条顶端附近叶腋间着生花芽（混合花芽），春季花芽抽生新梢，顶端结果。

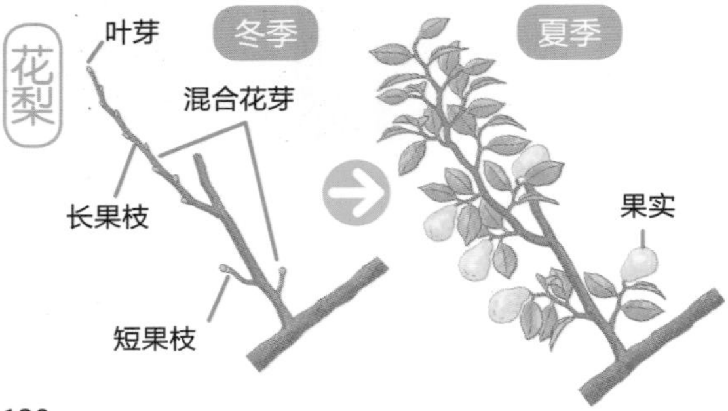

树形培养与修剪要点

具有直立性的花梨，最初培养成主干形，能生长到 10 米左右的高度。第 4~6 年，在主干 2~3 米处短截，重新培养成变则主干形。

榅桲因为枝条开张，所以培养成自然开心形（P28）。

为了促发短果枝，应对上一年抽生的枝条或过长的枝条顶端进行短截，疏除过长的徒长枝。

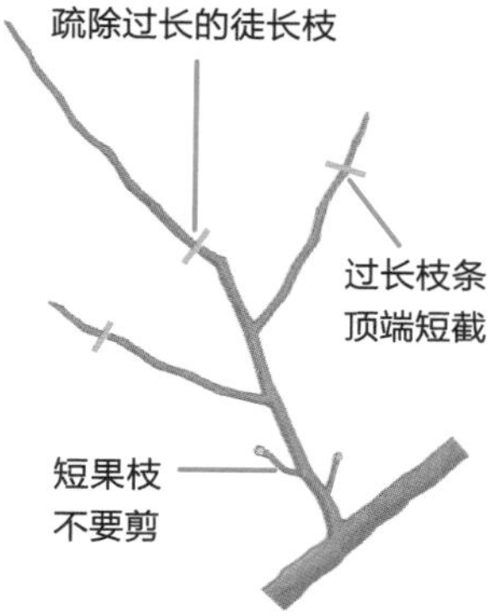

3 开花、人工授粉

➡4 月下旬 ~5 月上旬

花梨单株也能结果，但是进行人工授粉后，果实结得更好。榅桲要与其他品种一起栽植，或用其他品种的花粉进行人工授粉。梨的花粉也可以用于授粉。

专业技巧 增加产果量

在子房大的花上进行人工授粉

榅桲在人工授粉时，注意花下部膨大的子房大小。子房小的花（不完全花）难以坐果，易落果，子房大的花授粉后可以结果，这是诀窍。

对于榅桲，选择子房大的花授粉。

4 果实管理

➡5 月下旬 ~6 月上旬

因为树上挂果时期长，可通过疏果防止下一年难以着生花芽、造成隔年结果现象的出现。花梨按照 20~25 片叶留 1 个果的标准，榅桲的大果品种按照 60 片叶留 1 个果、小中果等按照 40 片叶留 1 个果的标准，进行疏果。疏果后，为防止病虫害应进行套袋。

5 施 肥

● **基肥：** 12 月 ~ 来年 1 月按 1 千克 / 株施入有机质肥料（配制 A），3 月按 150 克 / 株施入化学肥料。

疏果前的榅桲，应摘掉长势差的、有伤的果。

6 采 收

➡9 月 ~11 月上旬

果实颜色由绿转黄时就采收。

7 病虫害

● **长蠹虫类（螟蛾类的幼虫）：** 进入果实为害。通过套袋预防。

● **赤星病：** 春季，柏、桧柏类等树上感染病原菌。叶片上出现橙黄色的斑点。不要靠近桧柏类栽植，感染后则去除病斑并烧毁。

盆栽要点

枝条用铁丝弯曲，促发短果枝

盆栽与庭院栽培的方法相同。最好培养成模样木形。新梢顶端短截，或枝条用铁丝弯曲，抑制树势，就能促发质量好的短果枝。

盆的大小 栽植于 6~8 号盆。

培养土 将赤玉土与腐叶土按 1:1 的比例混匀，作为培养土，再加入少量苦土石灰，用于栽植。12 月 ~ 来年 1 月施数粒玉肥。

水分管理 表土干时就浇水。6~7 月开始着生花芽，为了促进花芽生长，水分应稍微控制。

橄榄

◉ 栽培资料

耐寒性 ●●● 耐热性 ●●● 耐阴性 ●●●

留果量 …………10 片叶供应 1 个果

栽培适宜地区…日本关东以西的温暖地区，或盆栽

授粉树 …………需要

童期 ……………庭院栽培：2~3 年。盆栽：2~3 年

◉ 栽培月历

	1(月)	2	3	4	5	6	7	8	9	10	11	12
栽植			━	━ 寒冷地区					━	━ 温暖地区		
整枝修剪			━	━								
开花、人工授粉					━	━						
果实管理							━ 疏果					
施肥	━		━ 基肥								基肥	━
采收									━	━		
病虫害					━	━	━ 象鼻虫	━	━	━		

品种的选择方法

单株不能结果，必须与其他品种一起栽植。皮夸尔花粉多，可用作授粉树。小苹果、莱星、卢卡栽培比较容易，简单易学。

推荐的品种（特性与栽培要点）	
小苹果	果个大，数量多。主要用来制作泡菜
莱星	果个小。主要用于炼油或腌菜
卢卡	单株容易结果。果个小，坐果率高。主要用于炼油
皮夸尔	花粉多，用作授粉树。也可以用于观赏栽培

1 栽 植 ➡3~4 月、9~10 月

3~4 月栽植。温暖地区即使到 9~10 月栽植，也没有问题。应在光照与排水良好的地方栽植。

变则主干形的培养

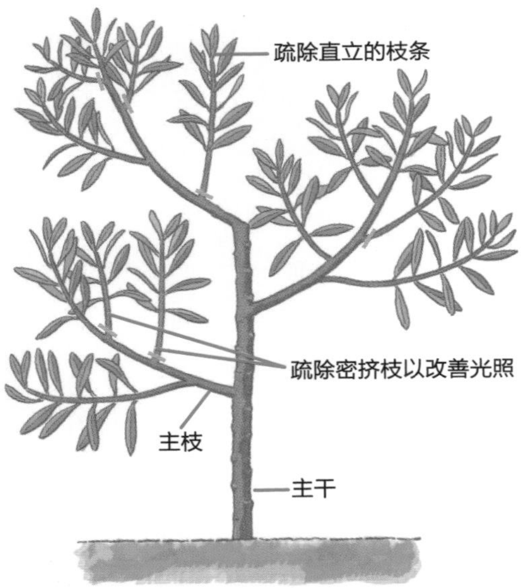

主枝抽生部位低的，培养成小型树形。树体过大时，要回缩主干。

2 整枝修剪 ➡3~4 月

果实的着生方式

上一年抽生的枝条中部着生花芽（纯花芽），5 月下旬开花、结果。1 个花芽能开 20~40 朵花。

树形培养与修剪要点

因为树高较高、枝条密挤，所以培养成自然开心形或变则主干形。

因为枝条易徒长，所以修剪时要疏除密挤枝、弱枝，改善树体内堂光照。

为了不剪掉新梢上的花芽，短截顶端 1~2 节即可。

3 开花、人工授粉

➡5 月下旬 ~6 月

因为单株不结果，所以要靠近授粉树栽植，或采集其他品种的花粉进行人工授粉。

5 施 肥

●**基肥：** 12 月 ~ 来年 1 月按 1 千克/株施入有机质肥料(配制 B)，3 月按 400 克/株施入化学肥料。

7 病虫害

●**象鼻虫：** 隐藏在近地面处或枝条分枝部位啃食树皮，一旦发现立即取出。一般通过对树干周围除草来预防。

4 果实管理

➡7 月中旬 ~8 月上旬

疏果

因为结果量大，所以在生理落果结束的 7 月中旬进行疏果，按照 10 片叶留 1 个果的标准，疏掉果实。疏果也可以预防隔年结果现象。

6 采 收

➡9 月中旬 ~10 月

果实颜色由深绿色变为浅黄色，成熟后即可采收。要做泡菜或腌制时，在果实青绿色时采收。要炼油，则在果实黑紫色时采收。

专业技巧 提高坐果率

保证能通风透光的修剪

橄榄发生的大量细枝，向上伸长，树体长高后，枝条也密挤了。像这样密挤的树，以能看透树体的向阳侧为标准进行修剪，就可以整理出较好的树形。

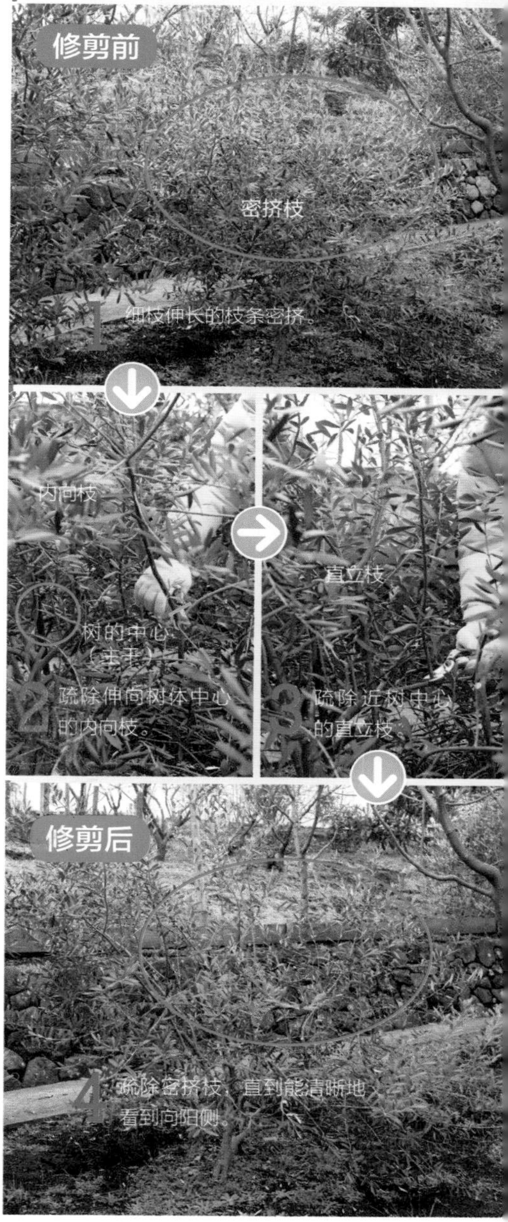
修剪前
密挤枝
1 细枝伸长的枝条密挤。
内向枝
直立枝
树的中心（主干）
2 疏除伸向树体中心的内向枝。
3 疏除近树中心的直立枝。
修剪后
4 疏除密挤枝，直到能清晰地看到向阳侧。

盆栽要点

注意温度管理

盆栽的方法与庭院栽植相同，温度管理是栽培的重点。4~10 月的生育期要有充足光照。12 月 ~ 来年 1 月在 10℃以下就不会形成花芽。通过晒太阳可预防寒冷。

盆的大小 栽植于 7 号盆。

培养土 将赤玉土与腐叶土按 1:1 的比例混匀，作为培养土，用于栽植。12 月 ~ 来年 1 月施入数粒玉肥。

水分管理 虽说橄榄抗旱性强，但在果实膨大的 6~7 月，每天浇水 2~3 次。冬季土壤干燥时浇水。

培养变则主干形
培养倒三角形

将枝条左右配置平衡，培养成倒三角形。

木通、那藤

木通

◉ 栽培资料

耐寒性 ●●●　**耐热性** ●●●　**耐阴性** ●●◐

留果量…………1 个花序留 1~2 个果

栽培适宜地区…木通栽植于日本东北以南，那藤栽植于日本关东以西

授粉树…………木通需要，那藤不要

童期……………庭院栽培：3~4 年。盆栽：2~3 年

◉ 栽培月历

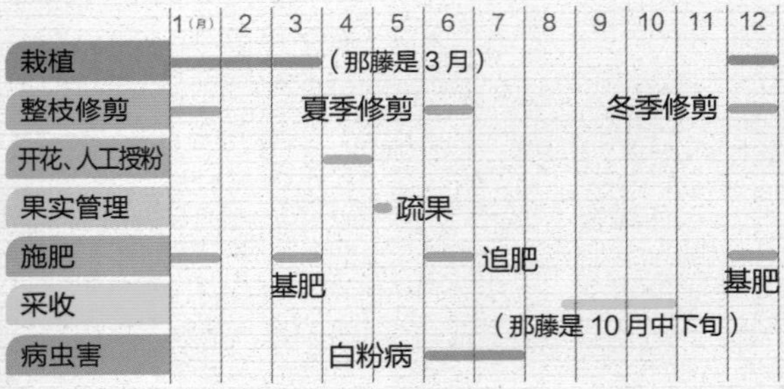

品种的选择方法

木通、那藤都是雌雄同株异花植物。木通单株不能结果，必须 2 个以上品种一起栽植。

木通分为 5 片小叶的木通和 3 片小叶的三叶木通。用于栽培的品种几乎都是三叶木通。木通主要是作为三叶木通的授粉树利用。

那藤单株能够结果，没有品种可言。庭院栽培的话，在日本关东以西的温暖地方栽培，生长特别好。

推荐的品种（特性与栽培要点）	
紫宝	三叶木通。果皮浅青紫色。抗白粉病稍强，能正常结果
臧王紫峰	三叶木通。果皮浓青紫色。抗白粉病稍强
巨木通	三叶木通。果个大，果皮红紫色。疏果后果实更大
紫幸	三叶木通。果个大，果皮浓紫色。果皮适合做菜
那藤	也叫常叶木通。果实红紫色。温暖地区栽培生长良好

即使成熟也没有采收的那藤，比木通小。

1 栽 植　➡12 月 ~ 来年 3 月

木通在 12 月 ~ 来年 3 月栽植。那藤要避开寒冷时期，在 3 月栽植。选择土壤不要过于干燥、光照适度的地方。

❶ 挖直径为 40 厘米、深 40 厘米的栽植坑，将挖出的土与腐叶土混匀。

❷ 将❶的一半土加入油渣、牛粪等，混匀后回填；用剩余的培养土栽植苗木。

2 整枝修剪　➡12 月 ~ 来年 1 月

果实的着生方式

在上一年抽生的枝条顶端与基部着生叶芽，从基部起数节着生花芽（混合花芽）。春季由花芽抽生新梢、穗状花序开花结果。雄花着生在穗顶部，雌花着生在穗基部。生长差的枝条难以着生花芽；即使着生花芽，也难以形成雌花。

培养方法与修剪要点

由于蔓性强，所以培养成棚架或篱壁形（P28）。12 月 ~ 来年 1 月疏除密挤枝。在枝条顶端抽生的卷蔓基部短截。留下的枝条，除了主枝以外，均留下基部的 5~6 节后短截。尤其是着生花芽的枝条，顶端短截后，结果新梢会长得更好。

棚架树形

木通的棚架树形，能看见里面的果实。能做成同样棚架的还有猕猴桃。

请教 小林老师

Q 修剪得很整齐，可就是不开花，这是为什么？

A 修剪时有可能剪掉了花芽。木通修剪重了，会导致坐果差。修剪一般都要较轻。

增施磷肥利于着生花芽。

专业技巧 增加产果量

蔓在夏季短截，更易着生花芽

修剪一般在冬季进行，蔓在冬季修剪也可以。但是 6 月左右抽空将蔓短截，下一年着生的花芽会更好。

1 木通 6 月的状态。抽生的蔓在基部短截。放任不管的话，从蔓顶端开始枯萎。
蔓的顶端枯萎

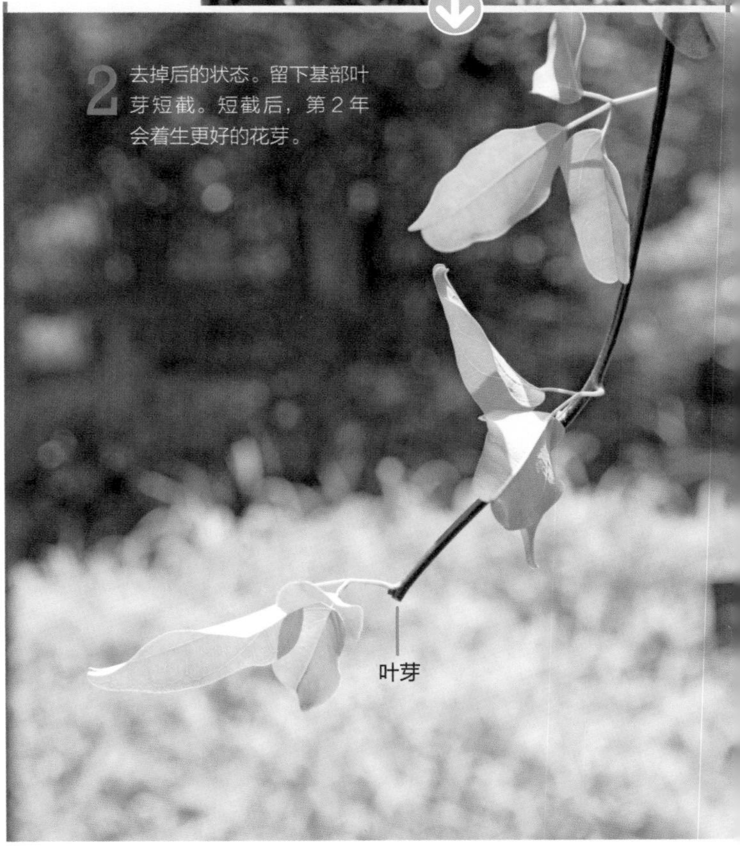
2 去掉后的状态。留下基部叶芽短截。短截后，第 2 年会着生更好的花芽。
叶芽

三叶木通的雄花和雌花。雌花上没有其他品种的花粉，就不会授粉。

3 开花、人工授粉

➡4 月

木通单株不能结果，最好 2 个以上品种一起栽植。为了确保结果，还要用其他品种的雄花进行人工授粉。

那藤没有必要进行人工授粉。

4 果实管理

➡5 月上旬

疏果

木通、那藤都在开花 1 个月后进行疏果。摘掉小果等，1 穗留 1~2 个果。

5 施 肥

●**基肥：**都是 12 月 ~ 来年 1 月按 1 千克 / 株施入有机质肥料（配制 B），3 月按 50 克 / 株施入化学肥料。

●**追肥：**都是在果实生长的 6 月左右，按 30 克 / 株施入化学肥料。

6 采 收

➡8 月下旬 ~10 月

木通在果皮转色、果实纵裂时采收。果实变软时，即使没有裂口也可以采收。

那藤在果实转色变软时采收。

7 病虫害

●**白粉病：**叶片或枝条表面覆盖有白色粉末，会导致树势衰弱。应摘掉染病部位。可以通过疏除密挤枝，改善通风条件来预防。

盆栽要点

每盆结果 5~6 个

盆栽的方法和庭院栽培的相同。因为蔓性极强，适合培养成灯笼形。因为木通需要授粉树，所以必须是 2 个以上品种一起栽植。夏季放在半阴地方，注意土壤不要过干。结果后，每盆按照留 5~6 个果的标准进行疏果，就能采收到大果。

盆的大小 栽植于 7~8 号盆。一旦结果，2 年上盆 1 次。

培养土 将赤玉土与腐叶土按 1:1 的比例混匀作为培养土用于栽植。12 月 ~ 来年 1 月和 5 月各施入数粒玉肥。

水分管理 土面一干，就浇足水。

灯笼形　第3年的冬季

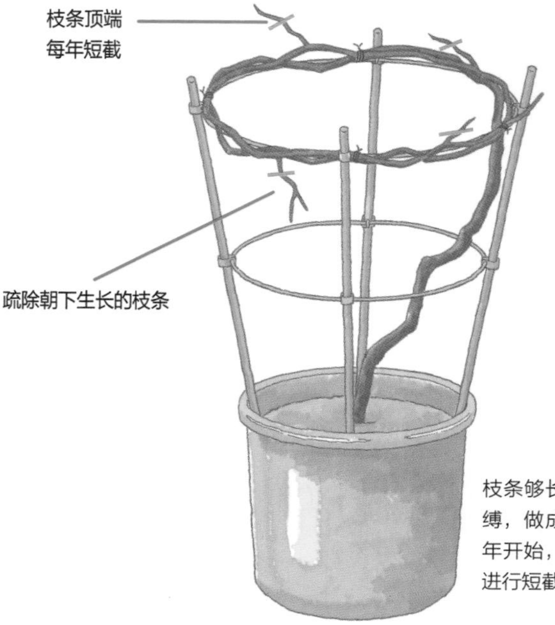

枝条够长后，卷曲枝条引缚，做成灯笼形。从第 3 年开始，每年对枝条顶端进行短截。

第3章 推荐给初学者的莓类

因为莓类即使盆栽也能结大量果实，
所以可用于有限的空间栽培或随意栽培；
不会出现树大了应付不了的情况，
是特别容易栽培的果树。

蓝莓

◉ 栽培资料

耐寒性 Ⓗ Ⓡ **耐热性** Ⓗ Ⓡ

耐阴性

留果量…………不需要疏果

栽培适宜地区…Ⓗ 适合于日本关东以北的地区、中部高冷地区
Ⓡ 适合于日本关东以西的温暖地区

授粉树…………需要

童期……………庭院栽培：2~3 年。盆栽：2 年

◉ 栽培月历

	1(月)	2	3	4	5	6	7	8	9	10	11	12
栽植				寒冷地区				温暖地区				
整枝修剪						夏季修剪					冬季修剪	
开花、人工授粉												
果实管理	没什么特别的											
施肥				基肥			追肥				基肥	
采收												
病虫害						刺蛾						

品种的选择方法

有耐热性差的高丛系Ⓗ和耐热性强的兔眼系Ⓡ 2 个品系。高丛系单株就可以结果；2 个以上品种一起栽植，结果更好。兔眼系单株难以结果，要与同样是兔眼系的其他品种混栽。

这两个品系，都有从早熟到晚熟的品种，搭配栽植，可以延长采收期。

高丛系的蓝光

兔眼系的乡铃

推荐的品种（特性与栽培要点）

● **高丛系** Ⓗ

蓝脆	早熟品种。直立性。耐寒性强。小型培育
早蓝	早熟品种。直立性。耐寒性强
维口	早熟品种。果实个大。在黏土质的土壤中生长发育差
斯巴坦	早熟品种。直立性。高丛系中比较耐热的品种
蓝光	中熟品种。耐寒性强。经常生蘖
蓝丰	中熟品种。果实个大。生蘖少。容易栽培
赫伯特	晚熟品种。果实个大
达柔	晚熟品种。果实个大但不耐放

● **兔眼系** Ⓡ

乌达德	早熟品种。所结果实个大、有香味
乡铃	中熟品种。果实稍小但量多。栽培容易
布莱特蓝	中熟品种。容易栽培。易生蘖、裂果
蓝宝石	中熟品种。果实量大。易生蘖、裂果
梯芙蓝	晚熟品种。兔眼系中最耐热的品种。坐果率高，耐贮

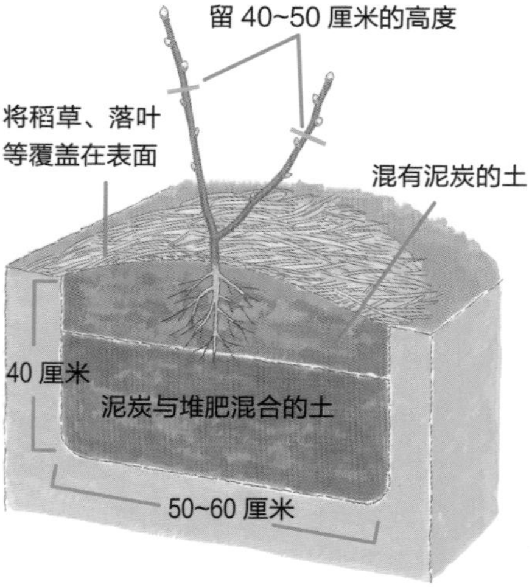

1 栽 植 ➡11~12 月、3 月

日本关东以西温暖地区在11~12月栽植，寒冷地区在3月栽植。

❶ 挖直径为 50~60 厘米、深 40 厘米的栽植坑。

❷ 将挖出的土与等量的泥炭（事先用水泡湿）混匀。

❸ 将❷的 1/3 与堆肥混匀，回填。

❹ 用❷留下的土栽植苗木，并浇水。

❺ 在植株基部覆盖稻草或腐叶土，短截苗木顶端的花芽，留 40~50 厘米高。

2 整枝修剪

➡ 6~7 月 夏季修剪、
12 月 ~ 来年 3 月 冬季修剪

果实的着生方式

新梢顶端附近着生 2~3 个花芽（纯花芽），来年春季花芽开花，所结果实呈穗状。结果的枝条下一年不能结果。

培养方法

从植株基部抽生大量的枝条，所以便于培养成丛生形树形。栽植 1~3 年的树结果后，很难抽生新梢，所以要摘除花芽。如果有长势好的新梢，可短截掉顶端的花芽，促其发枝，以增强树势。

第 4 年以后，主要围绕结果进行修剪。留下着生好花芽的枝条，便于结果。疏除密挤枝、弱枝，促进从基部抽生的充实的主轴枝上着生花芽。

果实的着生方式

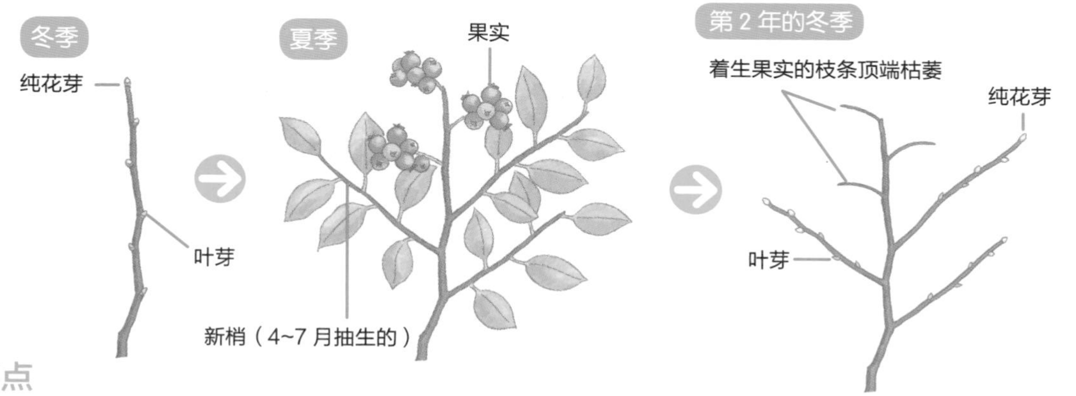
冬季
纯花芽
叶芽
夏季
果实
新梢（4~7 月抽生的）
第 2 年的冬季
着生果实的枝条顶端枯萎
纯花芽
叶芽

修剪要点

◎ 夏季修剪

6 月左右，短截快速生长的新梢顶端。进入 7 月后，从短截的部位抽生枝条，来年枝条上就会着生大量的花芽，能够采收到大量果实。

1　6 月新梢的状态。新梢顶端着生花芽，但数量不是很多。

短截新梢
长势好的新梢

2　在顶端 1/3 左右处短截，7 月从剪口抽生分枝，结大量果实。

为了抽生向外生长的枝条，在向外的芽上方短截
向外生长的枝条抽生后，就不会扰乱树形

◎ 冬季修剪

在 12 月～来年 3 月疏除不要的枝条、结过果的老枝条，整理树形。重要的是要根据树龄与长势进行修剪。

幼树的修剪
长势好的萌蘖
栽植第 3 年的幼树，为了使其不着生花芽，短截长势好的蘖（从植株基部抽生的新梢）的顶端。疏除从植株基部抽生的枝条或植株基部附近的弱枝。
修剪前
下一年，从短截后的蘖抽生充实的枝条，可提高产量。
修剪后

操作 短截蘖

1 蘖的顶端。为了不着生花芽，在其顶端 1/3 左右处短截。
花芽
在向外的叶芽上方短截
2 短截后的状态。留下的叶芽抽生充实的枝条，增加枝量。

专业技巧 增大果个

减少花芽，增大果个

通过冬季修剪，除掉花芽，把花芽和叶芽的比例调整为 1:2，使留下的花芽得到充足的营养，能够结出更大的果实。

1 按照花芽与叶芽 1:2 的比例，将顶端花芽剥掉。也可用手将柔软的花芽剥掉。

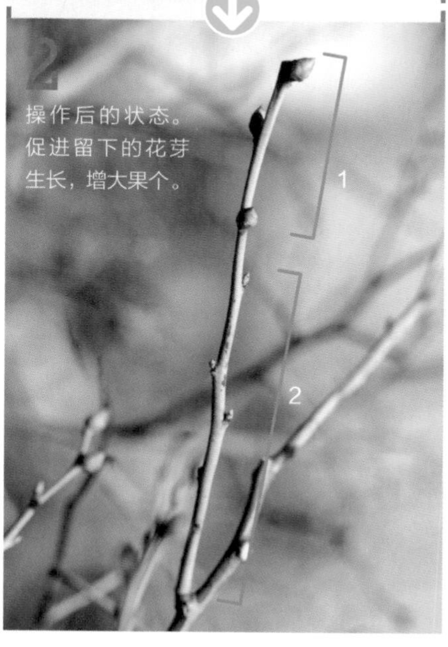

2 操作后的状态。促进留下的花芽生长，增大果个。

成龄树的修剪

修剪前

第 4 年以后的成龄树，短截上一年结果的枝条或结果 2~3 年的老枝条，整株树用新枝更新，并且去掉向内侧生长的枝条，促进抽生向植株外侧延伸的枝条，整理树形。疏除分株苗（由地下茎抽生的新梢）。

修剪后

通过修剪疏除树体 1/3 的枝条。为了解决植株内部的光照问题，让枝条向外侧延伸，降低树高而进行修剪。

操作① 更新老枝

新枝的树皮幼嫩光滑，有光泽
老枝的树皮没有光泽，干燥粗糙

1 因为经过 2~3 年，留下的都是结过果的老枝，树势衰弱，不能结好果，所以要短截抽生的新枝，更新枝条。如果没有可更新的新枝，就从植株基部疏除。

2 短截后的状态。其他的老枝，用同样的方法更新。

操作② 让枝条向外侧伸长①

1 在植株中心立支柱，做标记，发现伸向植株内侧的内向枝，就从植株基部疏除；留下伸向外侧的枝条，进行短截。
支柱
伸向外侧的枝条
内向枝

2 其他的内向枝用同样的方法进行修剪，让枝条伸向外侧，整理树形。

操作③ 让枝条向外侧伸长②
支柱
留下朝向外侧的叶芽
伸向内侧的新梢

新梢伸向内侧时，在朝向外侧的叶芽上方短截，使抽生的枝条向外侧生长。

操作④ 疏除分株苗
分株苗

偏离植株的地方，会从地下茎抽生分株苗，破坏树形，要从近地面处疏除。

专业技巧 增加产果量

由老枝抽生新梢

所谓的隐芽，就是处于休眠状态、没有萌发的芽。有些果树栽植 6 年后，就渐渐抽不出新梢，难以结果。对于这种树，我们要找到隐芽，在芽体上方短截后，由隐芽抽生新梢并结果。修剪幼树上没有更新的枝条时，在隐芽上方短截也可以。

操作前
1 隐芽就如图中膨起的部分，大多是在枝条的中间部位。
隐芽

2 在隐芽膨大的上方短截枝条。

操作后
3 由隐芽抽生新梢并结果。

放任树的修剪

长时间不进行修剪，老枝连续伸长，产生密挤枝，没有抽生能够结果的新枝。像这种放任树，要疏除老枝、不要的枝条，更新植株。

修剪后的状态。像这样疏除老枝、密挤枝后，使其抽生新枝，进行植株更新。

操作① 疏除老主轴枝

1 因为老枝不能结果，所以要疏除过粗、过硬的老主轴枝。注意不要碰伤其他枝条。

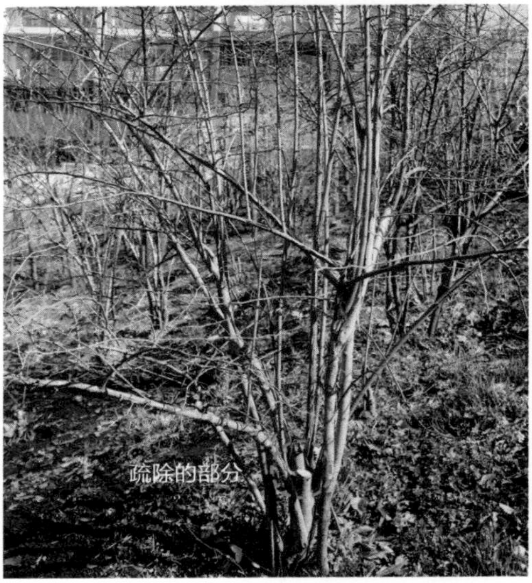

2 最终，主轴枝留下 7~8 根。

操作② 疏除轮生枝

1 对于形成轮生枝的枝条，去掉伸向植株内侧的内向枝。

2 轮生枝中，留下朝外的新枝。

操作③ 疏除直立枝

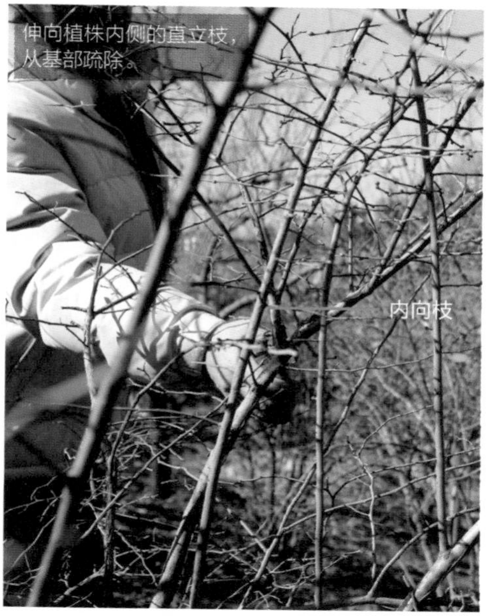
伸向植株内侧的直立枝，从基部疏除。
内向枝

操作④ 疏除交叉枝

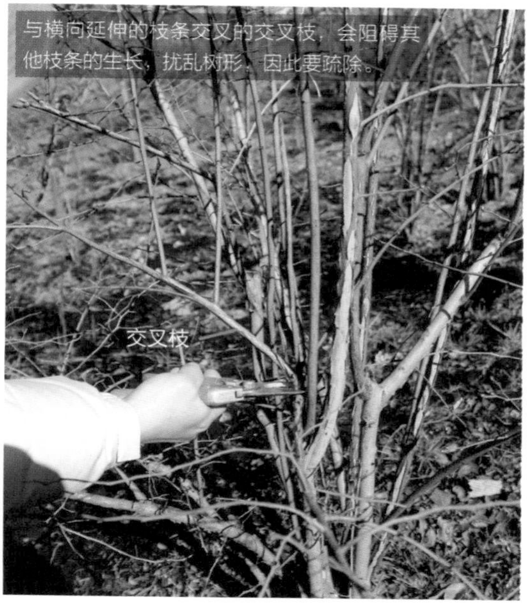
与横向延伸的枝条交叉的交叉枝，会阻碍其他枝条的生长，扰乱树形，因此要疏除。
交叉枝

操作⑤ 短截下垂枝

下垂枝
朝上的枝条

1 下垂的枝条，在朝上的分枝处短截。

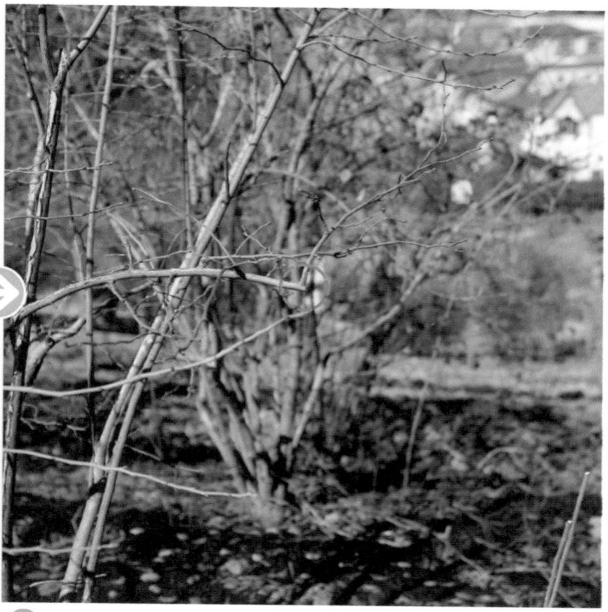

2 短截后的状态。如果没有朝上的枝条，就在朝上的芽处短截。

3 开花、人工授粉 ➡ 4 月

因为兔眼系单株难以结果，所以最好选择开花期相一致的品种，一起栽植。因为高丛系不能对其进行授粉，所以一定要栽植同一品系的品种。单株栽植时，一定要进行人工授粉。

高丛系在某些程度上单株可以结果，但与不同品种一起栽植后，坐果率会更高。

4 施 肥

● **基肥：** 12 月～来年 1 月按 1 千克 / 株施入有机质肥料（配制 B），3 月按 50 克 / 株施入化学肥料。

● **追肥：** 6 月按 50 克 / 株施入硫酸铵。

5 采 收

➡7 月 ~9 月上旬

栽植后 2~3 年就可以结果，但果实品质达到最佳是在第 3~4 年以后了。即使是同期成熟的果实也有差别。果实呈现蓝色即充分成熟，简单用手即可摘取采收。

6 病虫害

因为轻微发生的金龟子或刺蛾的幼虫、蓑蛾的幼虫（蓑虫）等，都会为害叶片，所以一旦发现就要立即捕杀。特别是刺蛾的幼虫有毒，一定注意身体不要直接与其接触。

因为鸟会瞄准好果为害，所以要在采收季节搭建防鸟网进行预防。

专业技巧　改善风味

风味最佳时的采收要点

家庭栽培的乐趣是能够在树上采收成熟的完熟果。但是果实的成熟度，不仅要根据果实的颜色来判断，还要根据果梗的颜色判断。果梗的颜色与果实变成同样的蓝色，果实才真正地完全成熟了，才是最好吃的。果实颜色变蓝，而果梗颜色还是绿色，则不能采收；最好等果梗的颜色变蓝后再采收。

即使果实颜色变蓝，
但果梗还有点浅绿色，
也不要采收。
果梗

直到果梗变
成同样的蓝
色，再采收。

请教　小林老师

Q 几乎不结果，究竟是什么原因？

A 有多种原因。

❶ 栽植了单株不结果的品种

兔眼系品种一定要用不同品种混栽授粉。高丛系在某种程度上单株能够结果，但是栽植不同品种后，能够提高坐果率。

❷ 没有适宜的土壤条件

因为蓝莓喜欢酸性土壤，所以要用酸性强的泥炭改良土壤。适宜的使用量是栽植用土量的 1/2。

❸ 土壤水分不足

可在植株基部覆盖厚厚的稻草或腐叶土等防止土壤干燥。冬季也要进行水分管理，不要让土壤变干。

❹ 备好常用的硫酸铵（硫铵）等肥料

在 3 月的基肥中加施 50 克 / 株硫酸铵。

Q 叶片变成黄色，怎么做才好呢？

A 原因是营养不足。蓝莓缺铁后叶片会变成黄色。在营养土中加入酸性物质，施入硫酸铵可以改善。最重要的是避免土壤干燥，不要让树势衰弱。

盆栽要点

更适合初学者的盆栽

蓝莓作为被推荐的盆栽入门树种，栽培容易，2~3 年就能结果，而且几乎没有病虫为害。盆栽时栽培的重点与庭院栽培的相同。即使是盆栽，也便于培养成丛生形树形。用于观赏栽培的话，则培养成模样木形（P29）。

蓝莓适于在光照好的地方栽培，但不耐干燥。在夏季光照强烈时，要把盆移到阴凉处。

盆的大小 栽植于 5~6 号盆。因为根系生长快，所以每 2 年要用大盆上盆 1 次。

培养土 将泥炭与赤玉土按 1:1 的比例混匀，作为营养土用于栽植。发芽前的 3 月上旬，在盆边压入数粒玉肥。6 月上旬，施入速效性的化学肥料，利于果实膨大。

水分管理 从春季到夏季，要灌足水，即浇水后，水要从盆底流出。结果的夏季，如果水分不足，果实会枯萎脱落。冬季也要灌水，保证土壤经常处于湿润的状态。

盆栽蓝莓的年变化

从第 1 年到第 6 年的盆栽。因为根系的生长量每年增加，所以盆的大小要与其相吻合。

幼树的修剪

第 3 年盆栽的修剪。一直到第 3 年都要剥掉所有的花芽，不能让其结果。从第 4 年开始，它会结好果。

2 在枝条顶端 1/3 处短截，不留花芽。

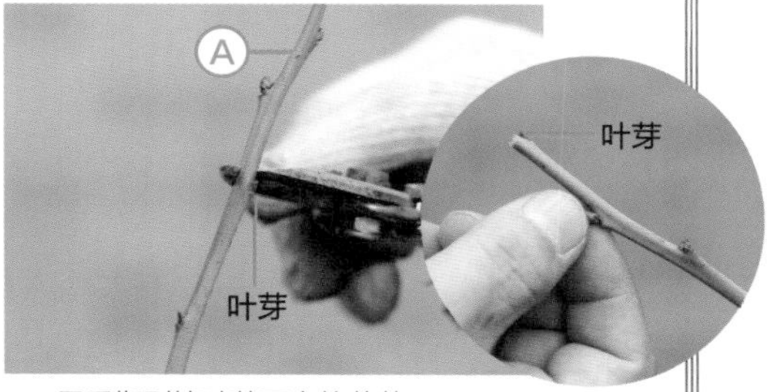

用手指剥掉叶芽下方的花芽。

3 短截后的状态。从短截后的枝条上抽生着生花芽的枝条。

4 将枝条左右引缚，扩大树冠。

树莓

◉ 栽培资料

耐寒性 ●●● 耐热性 ●●● 耐阴性 ●●●

留果量…………不需要疏果

栽培适宜地区…抗寒性强，喜欢夏季凉爽的气候，适于日本关东以北的地区栽培

授粉树…………不需要

童期……………庭院栽培：2 年。盆栽：2 年

◉ 栽培月历

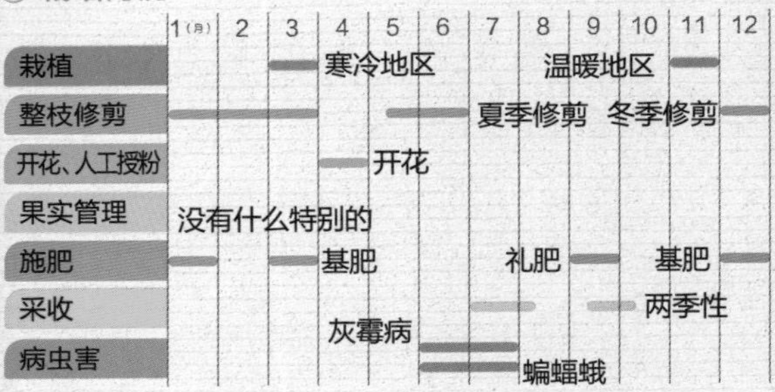

1(月)
2
3
4
5
6
7
8
9
10
11
12
栽植
整枝修剪
开花、人工授粉
果实管理
施肥
采收
病虫害
寒冷地区
温暖地区
夏季修剪
冬季修剪
开花
没有什么特别的
基肥
礼肥
基肥
两季性
灰霉病
蝙蝠蛾

品种的选择方法

有夏秋一年两熟的两季品种和只有夏季成熟的品种。

无论哪个品种都有刺。最好选用两季性刺短的印第安之夏或结黄色果实的金皇后、津巴布韦等品种。

推荐的品种（特性与栽培要点）	
印第安之夏	两季性。能结大量的红色果实。直立性
金皇后	黄色果实，香味浓郁，用于鲜食。直立性
津巴布韦	特点是采收期长。适于鲜食。直立性
瑞贝尔	能结大量的红色果实。枝条抽生容易，容易栽培。直立性
拉姆	果实红色。因为刺小又少，所以容易掌握。直立性
秋福	两季性。果实红色，味道好。直立性
哈瑞太兹	两季性。到了秋季，果实味道浓郁。直立性
夏迷茶布	两季性。果实小，量大。直立性

津巴布韦

印第安之夏

1 栽 植 ➡3 月、11 月

温暖地区在 11 月，寒冷地区在 3 月，栽植于光照好的地方。适应任何土壤，对土壤没有特别要求。

❶ 挖直径为 40 厘米、深 40 厘米左右的栽植坑，将挖出的土与腐叶土混匀。

❷ 将❶的混合土的一半加上油渣和牛粪混匀回填。

❸ 用❶余下的土栽植苗木，灌水。

❹ 在植株基部覆盖稻壳等，预防干燥及杂草。

2 整枝修剪 ➡5 月中旬 ~6 月 夏季修剪、12 月 ~ 来年 3 月 冬季修剪

树形培养方法

有直立性的品种和枝条呈拱桥状弯曲的半直立性品种，最好都培养成丛生形或篱壁形（P28~29）。

篱壁形培养

枝条沿篱笆引缚成扇形。冬季疏除当年结过果实的枝条，用新蘖更新植株。短截留下的枝条顶端，促进大量抽生结果枝。

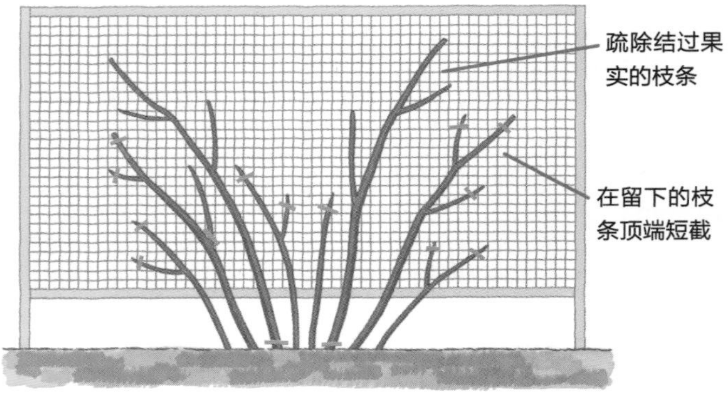

疏除结过果实的枝条
在留下的枝条顶端短截

果实的着生方式

上一年抽生的枝条前端部分着生花芽（混合花芽）。春季这些花芽抽生新梢，并开花结果。因为结过果实的枝条采收后枯萎，所以在冬季要从地面处去除。两季性的品种，第 1 年在枝条的前端部分也会着生花芽，初夏结果。结过果实的前端部分枯萎，但来年春季这种枝条的下部会抽生新梢，7 月左右结果。

树莓或黑莓等木莓类，都由根蘖（从植株基部抽生的新梢）或分株苗（从地下茎抽生的新梢）进行植株扩繁。蓝莓等也可用同样的方法繁殖。从植株根部切掉根蘖或分株苗移栽，可增加植株数量（分株）。

树莓类的繁殖方式

6月左右枝条的状态

春季，从上一年抽生的枝条上抽生新梢的状态。顶端的花蕾开花、结果。

指点 小林老师

Q 增加植株数量时，怎么做才好呢？

A 3月或6~7月将根蘖或分株苗切离母株，作为苗木进行分株繁殖，增加植株数量。一次增加数量大的话，最好用插根法，即在 3 月将植株挖出，切断根系插入培养土中繁殖的方法。4 月，插的根系会抽生芽，在 6 月便可移到盆中生长。

1 挖出植株，用水冲掉根系附着的土壤。

2 将根切成 5~8 厘米的段，泡在水中，防止干燥。

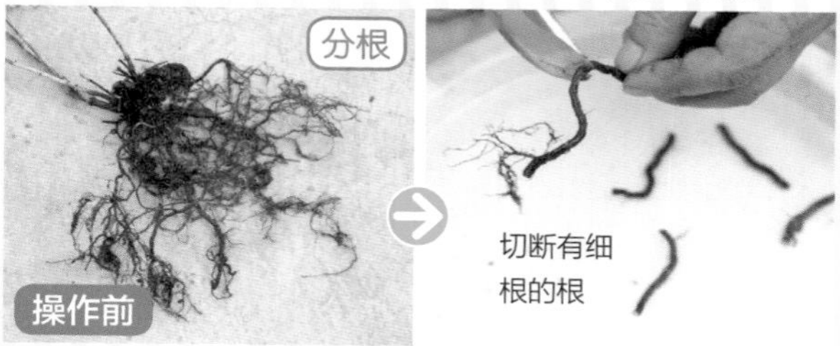

3 将根的切口插入鹿沼土中。鹿沼土事先用流水清洗好。

4 操作结束后，能看见切口少量露出。鹿沼土干了就浇水。

修剪要点

夏季修剪是短截当年抽生较长的蘖，改善树体内堂的光照。从切口抽生的分枝直接关系着产量的提高。

冬季修剪是从植株基部疏除结过果实的枝条。这样做后，用新蘖更新植株。短截从植株基部抽生的新蘖顶端部分。

当年从植株基部抽生的根蘖，从枝条顶端到中部着生花芽。因为中部着生结好果的花芽，所以冬季修剪时可短截掉顶端部位的花芽。

专业技巧　增加产果量

通过改变芽的数量改善坐果

通过冬季修剪，短截蘖的顶端部位时，长枝留基部到 20~25 节短截，中枝留基部到 15~20 节短截。这样，根据枝条的长度改善留芽的数量后，使得留下的芽能够得到充足的养分而充实，大大提高了坐果率。

1 长枝条以枝条基部到 20~25 节为标准剪切。

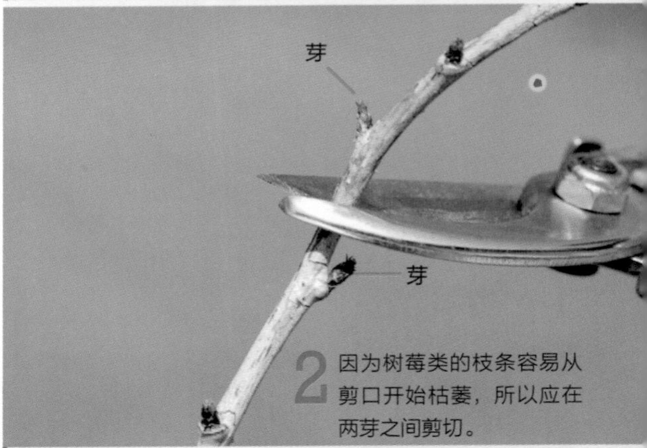

2 因为树莓类的枝条容易从剪口开始枯萎，所以应在两芽之间剪切。

3 根蘖短截后的状态。其他的也用同样方法修剪。

3 施肥

● **基肥：** 12 月～来年 1 月按 700 克 / 株施入有机质肥料（配制 B），3 月按 50 克 / 株施入化学肥料。

● **礼肥：** 9 月按 20 克 / 株施入化学肥料。

4 采收

➡**7 月～8 月上旬、9 月中旬～10 月上旬（二次果）**

因为有刺，所以摘果时要戴上厚手套。

5 病虫害

● **灰霉病：** 果树成熟期多雨时发生，会导致果实腐烂。开花后应喷布专用药剂预防。

● **蝙蝠蛾：** 幼虫钻入茎部，在内部为害。可铲除植株基部的杂草，覆盖稻壳或腐叶土预防。

盆栽要点

通过培养篱壁形来提高坐果率

盆栽的栽培方法一般与庭院栽培的没有很大差别，容易栽培。但是因为土壤温度高时，生长发育差，所以夏季要将盆移到避开西晒的地方。盆栽的话，做成丛生形或灯笼形（P29）。将枝条左右引缚，培养成篱壁形，管理也比较容易。

盆的大小 栽植于 7~8 号盆。因为根系生长后容易造成卷根，导致枯萎，所以每 1~2 年上盆 1 次。

培养土 将赤玉土与腐叶土按 1:1 的比例混匀，作为培养土用于栽植。12 月～来年 1 月、8 月各施入数粒玉肥。

水分管理 土壤表面干燥后要充分灌水。因为盆栽土壤容易干燥，所以用木屑覆盖在土壤表面，可以防止干燥。

篱壁形的培养

1 6 月左右盆栽的状态。萌蘖长势良好，甚至下垂，要重新培养。

2 立支柱，将萌蘖拉开绑在支柱上，在其顶端 1/3 左右处短截。

3 重新培养的状态。6 月短截萌蘖，7~8 月开始抽生新梢。

黑莓

◉ 栽培资料

耐寒性 ●●● **耐热性** ●●● **耐阴性** ●●●

留果量…………不需要疏果

栽培适宜地区…因为抗寒性稍差，所以适于比较温暖的日本关东以西地区栽培

授粉树…………不需要

童期……………庭院栽培：2 年。盆栽：2 年

◉ 栽培月历

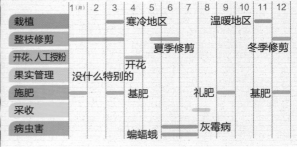

	1(月)	2	3	4	5	6	7	8	9	10	11	12
栽植			—	寒冷地区					温暖地区		—	
整枝修剪	—	—	—		— 夏季修剪	—					冬季修剪	—
开花、人工授粉				— 开花								
果实管理	没什么特别的											
施肥	—		—	基肥				礼肥	—		基肥	—
采收							—	—				
病虫害				蝙蝠蛾		—	—	灰霉病				

品种的选择方法

黑莓原本是有刺的植物，像冬福瑞或黑沙丁，通过品种改良后成为不具备原有的刺的品种，容易管理。

但是，据说一般有刺的品种果实味道好。黑莓没有像树莓一样一年两季熟的品种，都是每年采收 1 次。

推荐的品种（特性与栽培要点）	
冬福瑞	无刺品种。果实量大，容易栽培。蔓性
博伊森莓	有有刺和无刺 2 个品系。果实红紫色，酸味浓，个大。匍匐性
黑沙丁	无刺品种。所结果实呈黑色，香味好，个大。树势旺。半直立性
阿帕奇	无刺品种。所结果实呈黑色，个大。直立性

冬福瑞

博伊森莓

1 栽植

➡ 3 月、11 月

对土壤适应性强，无论什么土壤都能栽培。寒冷地方在 3 月栽植，温暖地方在 11 月栽植。栽植方法与树莓（P148）相同。因为市场上的苗大部分都短，所以没有必要对顶端进行短截。栽植后，在植株基部覆盖稻壳或腐叶土，可预防干燥或杂草生长。

2 整枝修剪

➡ 5 月中旬 ~6 月 夏季修剪、12 月 ~ 来年 3 月 冬季修剪

果实的着生方式

一般与树莓相同，上一年抽生的枝条（上年枝）顶端着生花芽（混合芽），春季这些花芽抽生新梢并开花、结果。结果后的枝条在冬季会枯萎。

培养方法

除了笔直向上生长的直立性品种，还有伸向外侧呈拱形的半直立性、趴在地面生长的匍匐性品种等。

直立性品种宜培养成丛生形或篱壁形，半直立性品种宜培养成篱壁形，匍匐性品种宜培养成棒形或篱壁形（P28~29）。

篱壁形的培养

半直立性品种的篱壁形培养。疏除结过果实的老枝，用新抽生的枝条更新，修剪比较简单。最好利用小型栽培的培养方式。

棒形的培养

垂直立支柱，将枝条缠绕引缚，使其直立生长。主要用于匍匐性品种。

修剪要点

黑莓或树莓的枝条柔软，有时会从剪掉的部位枯萎。为了防止枝条短截的芽枯萎，应在芽与芽的中间部位剪切。

剪切后的状态。即便从剪口枯萎，因为有一定距离，所以也能够保护芽。

请教

小林老师

Q 分株的话，怎样做更好呢?

A 黑莓繁殖力强，是非常容易分株繁殖的植物。分株是指在 3 月或 6~7 月将植株挖出后剪掉，作为苗木利用。

如果是半直立性或匍匐性品种，即使用压条繁殖也能增加植株数量。压条繁殖是在 4~10 月将新梢端部引缚到地面。在枝条中部压土，枝条顶端数十厘米露出地面，在压土的部位开始生根，将每处根部与母株切离，作为苗木（P36）。

Q 冬季叶片枯萎，怎么办才好?

A 老叶变黄枯萎属正常情况，不用担心庭院栽培抽生的新芽会枯萎。如果是植株整体枯萎的话，可通过分株等方法，用新的苗木更新。

盆栽的话，可能是卷根或肥力不足引起的。查看盆底，若出现卷根，就要进行上盆（P17）。夏季叶色变黄是因为肥力不足，到了 8 月上旬，给 6 号大小的盆施入 5~10 粒玉肥。

专业技巧

增加产果量

夏季短截根蘖，提高产量

从春季到夏季，尤其是直立性品种，根蘖长势旺盛。枝条密挤会导致内部光照恶化，结果的枝条生长停止。6 月左右短截抽生的根蘖，8 月从短截的部位抽生枝条产生分枝，能增加下一年的产量。

待根蘖伸长达到 2 米的高度，在植株基部到 20 节左右的位置短截，注意是在芽与芽之间剪切。

2 修剪后的状态。为了让其他枝条得到光照，应将高度控制在 1.5 米左右。

3 从短截部位抽生出好几根新的分枝。来年作为分枝的枝条结果，能增加产量。

专业技巧 增加产果量

冬季对枝条进行回缩，留下能结果的好花芽

冬季短截枝条，提高留下花芽的坐果率。

冬季修剪是在12月~来年3月进行。结果后的枝条枯萎，从植株基部疏除。短截根蘖（新梢）或由根蘖抽生的侧枝后，就会着生充实的花芽。

1 因为枝条顶端没有着生好的花芽，所以在萌蘖基部到20~30节短截，侧枝留5个以上芽后短截顶端。

2 修剪后的状态。因为短截的枝条产生了分枝，增加了花芽数量，留下的花芽也得到了充实，因而增加了产量。

3 施肥

与树莓（P151）相同。

4 采收

➡7月下旬~8月中旬

果实颜色变黑，带下面的柄部（果梗）采摘。

因品种不同，叶或茎上有大量的刺，最好戴上厚手套或军用手套等采摘。

5 病虫害

与树莓（P151）相同，要注意灰霉病或蝙蝠蛾。灰霉病用药剂预防，害虫类一经发现则立即捕杀。

盆栽要点

更新植株，维持原有的坐果情况

盆栽的栽培方法与庭院栽培的相同。虽然黑莓是容易结果的树，但为了防止树势衰弱，要在冬季疏除结过果实的枝条。经过3~4年要进行整株更新，以便稳定产量。

将枝条在支柱侧面绑紧，让枝条充分利用多余空间。

将枝条拉开引缚，缓和树势，实现提早结果。

盆的大小 栽植于6~8号盆，每2年上盆1次。

培养土 将赤玉土与腐叶土按1:1的比例混匀，作为培养土用于栽植。12月~来年1月和8月，各在盆边压入数粒玉肥。

水分管理 因为容易干燥，所以应在土壤表面覆盖木屑等。土壤表面发干时就充分灌水。

唐棣

◉ 栽培资料

耐寒性 ●●● **耐热性** ●●● **耐阴性** ●●●

留果量…………不需要疏果

栽培适宜地区…抗热性、抗寒性都强，能在日本东北以南的地区广泛栽培

授粉树…………不需要

童期……………庭院栽培：2~3 年。盆栽：2 年

◉ 栽培月历

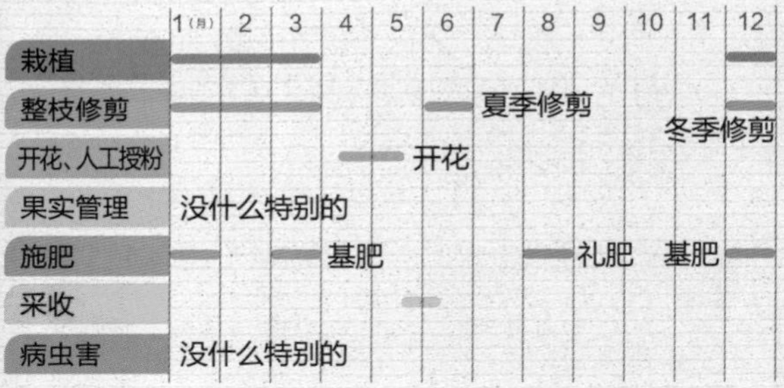
1(月)
2
3
4
5
6
7
8
9
10
11
12
栽植
整枝修剪
夏季修剪
冬季修剪
开花、人工授粉
开花
果实管理
没什么特别的
施肥
基肥
礼肥
基肥
采收
病虫害
没什么特别的

品种的选择方法

最好选用容易栽培的雪花和纳尔逊。

唐棣有时也被称为“东亚唐棣”，作为庭院树木出售。不仅是果实，其秋季的红叶也非常漂亮，作为庭院树木栽培也很有趣。

推荐的品种（特性与栽培要点）	
雪花	树势不强，容易栽培。扫帚状树形
纳尔逊	果实大而甜。容易栽培
欧贝里斯克	果实大。抗热、抗病虫
桤叶唐棣	因为有矮化性状，所以可以进行小型栽培。容易栽培
秋季华晨	直立性。果实小。特点是有美丽的红叶

唐棣的花芽和叶芽

花芽
叶芽

1 栽植 ➡12 月 ~ 来年 3 月

因为怕夏季干燥，所以要选择能避开光照好和有夕阳的地方，或选择明亮的背阴处栽植。

❶ 挖直径为 50 厘米、深 50 厘米左右的栽植坑。

❷ 将❶挖出的一半土与泥炭和堆肥混匀，回填。

❸ 用剩余的土栽植苗木。

❹ 栽植后，在距地表 50~60 厘米高处短截，充分灌水。

2 整枝修剪 ➡6 月 夏季修剪、12 月 ~ 来年 3 月 冬季修剪

果实的着生方式

上一年抽生的枝条顶端的 2~3 个芽转化成花芽（混合花芽）。到了春季，由花芽抽生新梢，其基部的穗状花序开花、结果。

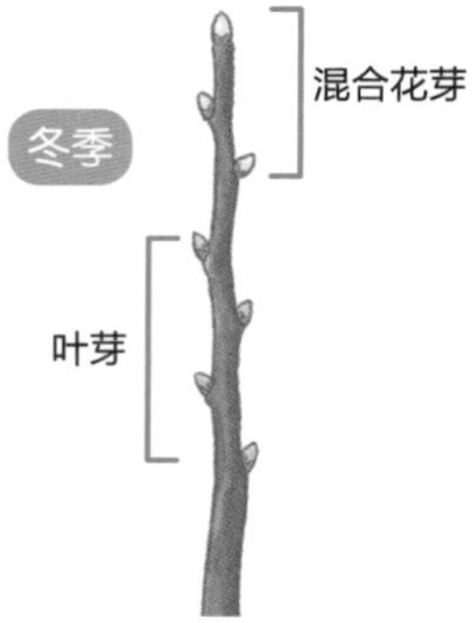

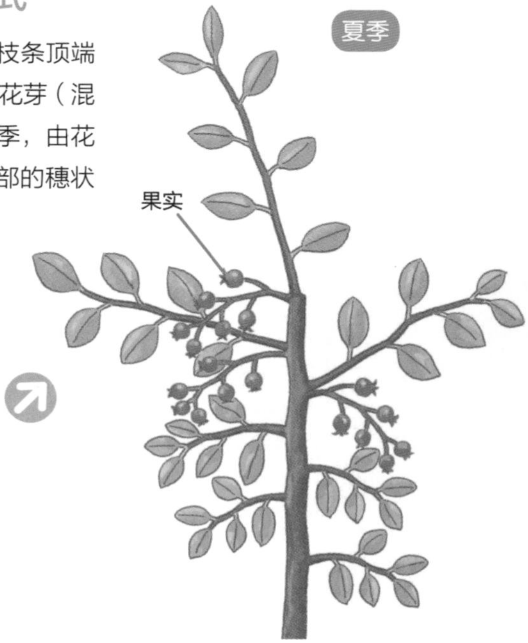
夏季
果实

培养方法与修剪要点

培养成丛生形或变则主干形（P28~29）。因为连年放任生长后会抽生根蘖，导致枝条拥挤，所以夏季和冬季要进行疏除修剪。通过夏季修剪，短截长势好的抽生的根蘖，控制树势。通过冬季修剪，短截根蘖和结果 2~3 年的老枝以促生新枝，疏除生长差的枝条。

根蘖的整理

1 从植株基部抽生的根蘖全部疏除。

2 修剪后的状态。

3 施 肥

与树莓相同，但是礼肥在 8 月施入。

4 采 收

➡5 月下旬 ~6 月上旬

果实的颜色由红色变成深红色时，按照果实变软的顺序采收。

专业技巧 提高坐果率

让结果的枝条得到光照

疏除直立枝、内向枝等无用的枝条后，改善着生花芽枝条的光照，提高坐果率。

1 因为向上生长的直立枝难以着生花芽，所以疏除。

2 向枝条中心生长的内向枝，从基部疏除。

3 疏除无用的枝条后，改善了结果枝的光照，坐果会变好。

盆栽要点

应对西晒，要用白盆

因为唐棣怕西晒，特别是夏季盆体发热易烧根，所以盆栽必须应对夏季的西晒。最好用白盆或将盆涂上白色的涂料，以控制盆温度的上升。

盆的大小 栽植于 6~7 号盆，结果后选用大一号的盆，每年上盆 1 次。

培养土 将赤玉土 4 份、腐叶土 3 份、泥炭 3 份配成培养土，用于栽植。12 月 ~ 来年 1 月和 7 月各施入数粒玉肥。

水分管理 表土一干就浇水。因为怕干燥，所以要用稻草等覆盖植株基部，以防止干燥。

盆栽最好培养成丛生形树形。根蘖的疏除、修剪等与庭院栽培的相同。

蔓越莓

◉ 栽培资料

耐寒性 ●●●　**耐热性** ●●●　**耐阴性** ●●●

留果量…………不需要疏果

栽培适宜地区…在日本全国都能栽培，但因为怕热，所以适于关东以北的地方栽培

授粉树…………不需要

童期……………庭院栽培：2~3 年。盆栽：2 年

◉ 栽培月历

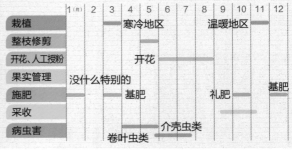

	1(月)	2	3	4	5	6	7	8	9	10	11	12
栽植			▬	寒冷地区					温暖地区		▬	
整枝修剪					▬							
开花、人工授粉				开花		▬	▬	▬				
果实管理	没什么特别的											
施肥	▬		▬	基肥					礼肥	▬		基肥 ▬
采收									▬	▬		
病虫害			卷叶虫类	▬	▬ 介壳虫类	▬						

品种的选择方法

在日本，蔓越莓的多数品种是从国外引入的，但没有明确记载品种的名称，都以蔓越莓的名字出售。

为防止枝条顶端枯死，应选用粗的根蘖栽培。

1 栽植 ➡3 月、11 月

温暖地区在11月栽植；寒冷地区为避免霜害，应在3月栽植。要选择排水良好、些许背阴的地方。因为根系细、易受伤，所以栽植时一定要注意，不要伤了根系。栽植后，不需要短截苗木顶端。

❶ 挖直径为40厘米、深30厘米左右的栽植坑。

❷ 将❶挖出的土与腐叶土和鸡粪混匀。

❸ 将❷的一半土回填。

❹ 用剩余的土栽植苗木，充分灌水。

2 整枝修剪 ➡5 月

果实的着生方式

上一年抽生的枝条（上一年枝）顶端着生花芽（混合花芽）。来年春季，由这些花芽抽生新梢并开花、结果。

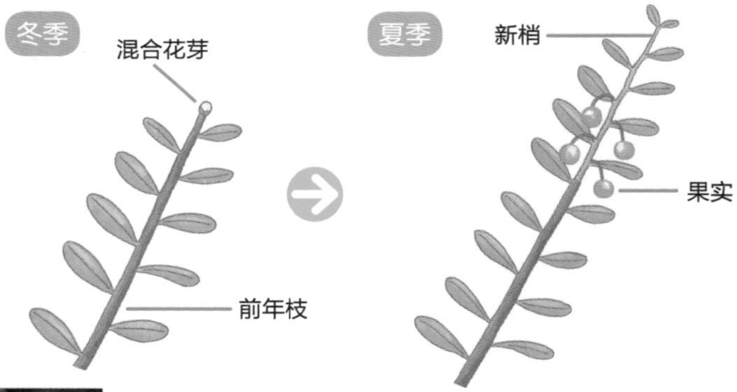

蔓越莓的花

请教 小林老师

Q 盆栽移到屋内就不开花结果了，怎么办？

A 蔓越莓要经过冬季低温才着生花芽。因此，冬季一直没有经过严寒，来年便不会着生花芽。冬季期间，不要将其移到屋内，放在屋外就能结果了。

培养方法与修剪要点

因为枝条容易在分枝处横向扩展，所以要按照自然生长的树形，培养成丛生形或篱壁形（P28~29）。分株苗（由地下茎抽生的新梢）一般疏除，但也可以移栽于盆中。

不能着生花芽的枝条，通过修剪疏除。因为枝条产生分枝，容易造成密挤，所以为了改善树体内堂的光照和通风条件，要疏除枝条。注意不要短截着生花芽的枝条顶端。

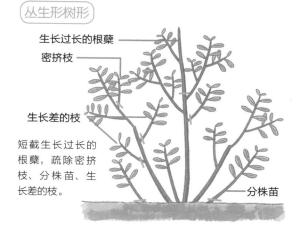

丛生形树形

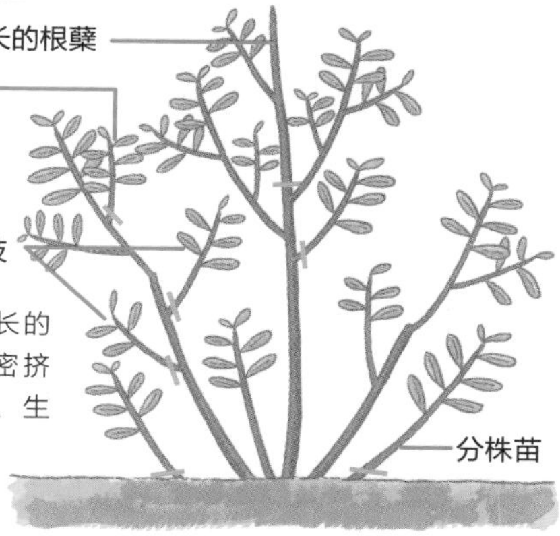

短截生长过长的根蘖，疏除密挤枝、分株苗、生长差的枝。

3 施肥

●**基肥：**12 月 ~ 来年 1 月按照 700 克 / 株施入有机质肥料（配制 B）；3 月按照 70 克 / 株施入化学肥料。

●**礼肥：**10 月按照 40 克 / 株施入化学肥料。

4 采收

➡9 月中旬 ~11 月上旬

果实由绿色变成浓红色，手感柔软时，即可采收。

5 病虫害

●**卷叶虫类：**在 5 月下旬 ~7 月下旬发生，啃食叶或芽等。叶尖卷曲时就要摘除。

●**介壳虫类：**多在春季发生，会吸食树体营养。一经发现便用刷子等刷掉。

盆栽要点

注意冬季与夏季的管理

盆栽的栽培方法与庭院栽培的大致相同，但是，夏季要放在没有直射光的地方，冬季置于屋外暴露在严寒中才能着生花芽。因为繁殖力强，也可以用分株进行盆栽。

盆的大小 栽植于 6~8 号盆。根大后，上盆到大一号的盆中。也可以通过分株，增加盆栽数量。

培养土 因为蔓越莓喜好酸性土，所以用赤玉土 4 份、腐叶土 3 份、泥炭 3 份配成的培养土栽植。蓝莓用的培养土也可以。12 月 ~ 来年 1 月和 9 月施入数粒玉肥。

水分管理 要经常保持土壤湿润，充分灌水。因为蔓越莓怕干，所以要注意，特别是夏季不能让土壤干燥。

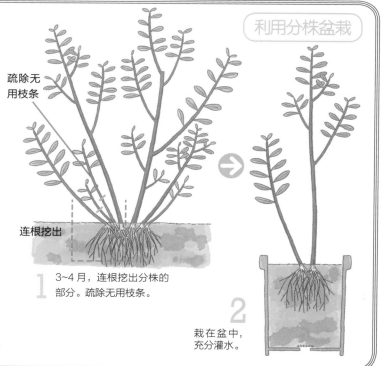

利用分株盆栽

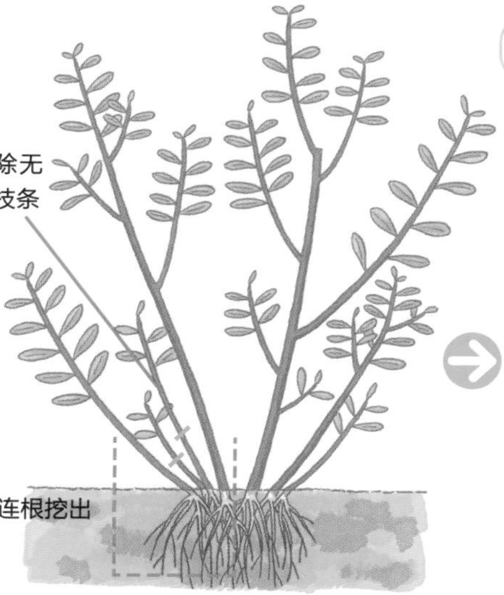

1 3~4 月，连根挖出分株的部分。疏除无用枝条。

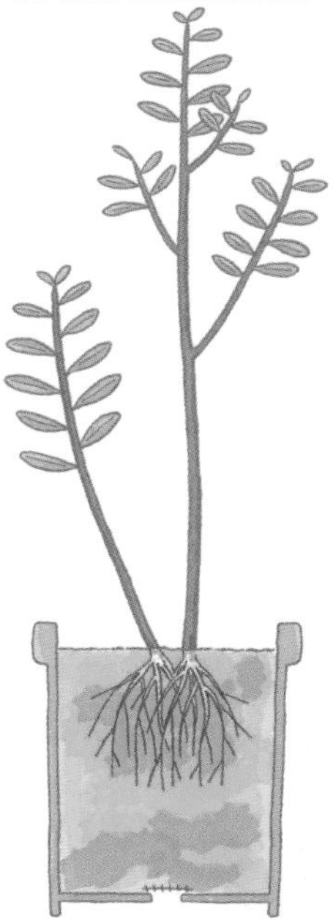

2 栽在盆中，充分灌水。

醋栗、穗醋栗

醋栗

◉ 栽培资料

耐寒性 ●●● **耐热性** ●●● **耐阴性** ●●●

留果量…………不需要疏果

栽培适宜地区…适于在非常寒冷的地区，或日本关东以北的寒冷地区栽植

授粉树…………不需要

童期……………庭院栽培：3~4 年。盆栽：2~3 年

◉ 栽培月历

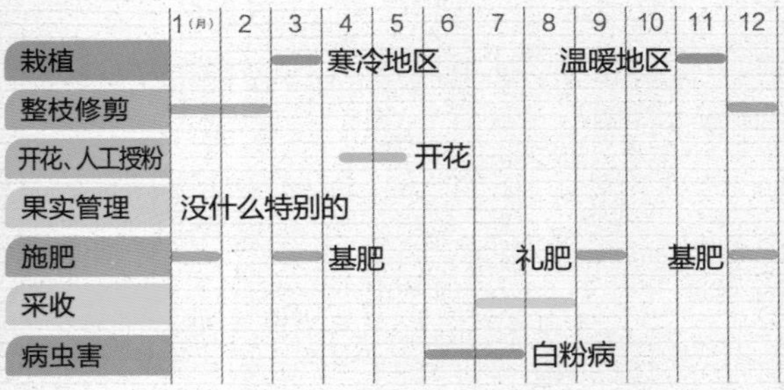

1(月) 2 3 4 5 6 7 8 9 10 11 12
栽植
寒冷地区
温暖地区
整枝修剪
开花、人工授粉
开花
果实管理
没什么特别的
施肥
基肥
礼肥
基肥
采收
病虫害
白粉病

品种的选择方法

醋栗别名鹅莓，有两个品系，即耐热、抗病虫的美洲醋栗（美洲系）和不耐热、鲜食的大醋栗（欧洲系）。

穗醋栗根据果实的颜色分为红穗醋栗、白穗醋栗、黑穗醋栗。特别容易栽培的种类是红穗醋栗。穗醋栗也叫加仑子。

推荐的品种（特性与栽培要点）

● **醋栗**

俄勒冈冠军	美洲醋栗。耐热，抗白粉病
双绿	美洲醋栗。耐热。特点是中等果个，果实红紫色
红果大玉	大醋栗。耐热性差，适宜凉爽地区栽培。不抗白粉病

● **穗醋栗**

伦敦红	红穗醋栗。结果量大，易生蘖
红豆	红穗醋栗。略酸，味道浓厚
博斯科普	黑穗醋栗。果实有独特的香味。温暖地区也能栽培
白荷兰	白穗醋栗。结果量大，果实浅红色

穗醋栗

1 栽 植 ➡3 月、11 月

温暖地区，应选择没有强烈的西晒、稍微阴凉的地方栽植。因为苗木小，所以没有必要短截。

❶ 挖直径为 40 厘米、深 40 厘米的栽植坑，挖出的土与腐叶土混匀。

❷ 将❶的一半土加入油渣和牛粪混匀，先回填。

❸ 再回填部分剩下的土，舒展根系，浅栽苗木。

❹ 用剩余的土栽植苗木，并浇水。

❺ 在植株基部覆盖稻草等，预防干旱或杂草。

专业技巧 保护树体

覆盖基部可以有效预防干旱

因为醋栗、穗醋栗特别不耐旱，所以栽植后在植株基部用稻草、腐叶土等覆盖，防止土壤水分蒸发，预防干旱。这对其他莓类或不耐旱的果树也有效。

覆盖时的状态。不仅能防止干燥，还可以防止杂草生长或冻害。

腐叶土也可以

2 整枝修剪

➡12 月 ~ 来年 2 月

果实的着生方式

醋栗在上一年抽生的枝条（上一年枝）的叶腋着生花芽（混合花芽），这些花芽于春季生长结果。穗醋栗在上一年枝的叶腋着生纯花芽。

醋栗
冬季
混合花芽
上一年枝
叶芽
夏季
每个都着生多个果实

穗醋栗
冬季
纯花芽
叶芽
上一年枝
夏季
着生穗状果实

培养方法与修剪要点

因为根蘖抽生旺盛，所以最好利用原有的自然树形培养成丛生形。修剪是在 12 月 ~ 来年 2 月疏除生长差的枝条、老枝、密挤枝。结果 3 年的枝条，即将只在顶端结果，所以应短截顶端或于第 4~5 年从植株基部疏除。

穗醋栗的树形培养

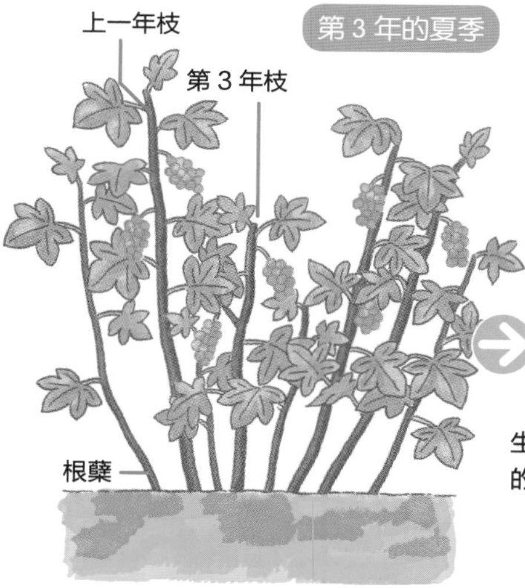
第 3 年的夏季
上一年枝
第 3 年枝
根蘖

上一年枝或第 3 年枝结果。从植株基部生有更多的根蘖。

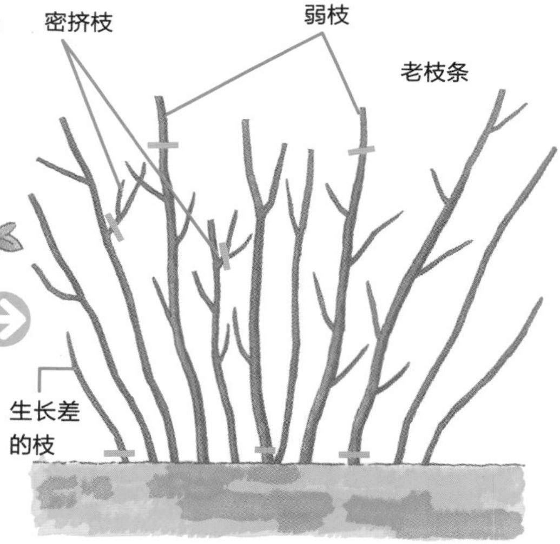
第 3~4 年的冬季
密挤枝
弱枝
老枝条
生长差的枝

从植株基部疏除连续多年结果后形成的老枝、生长差的枝、密挤枝。弱枝在顶端短截。

专业技巧 增加产果量

短截新梢，促发大量着生花芽的短果枝

通过冬季修剪，只疏除密挤枝或老枝，短截第 1 年枝条的顶端。短截后，来年抽生着生充实花芽的短果枝，增加产量。

在朝外的芽上方短截
1
在第 1 年枝顶端 1/4 左右处短截。

2
来年在短截的枝条上抽生短果枝，提高产量。
短果枝
上一年短截的枝条

3 施肥

●**基肥：**12 月～来年 1 月按 1 千克 / 株施入有机质肥料（配制 B），3 月按 80 克 / 株施入化学肥料。

●**礼肥：**9 月按 40 克 / 株施入硫酸铵。

4 采收

➡7~8 月

醋栗在果实变软后即可采收。因有刺，所以一定要小心。穗醋栗，从果实基部开始依次成熟，所以在顶端的果实成熟后采收。

5 病虫害

●**白粉病：**梅雨时期易发，叶片、果实、新梢表面产生白色霉状物。温暖地区特别容易发生。要摘除染病部位并烧毁。

盆栽要点

盆栽也容易，最好培养成丛生形

盆栽的栽培方法与庭院栽培的相同。梅雨时期要将盆移到淋不到雨的地方，夏季则移到没有直射光照射的地方。与庭院栽培相同，最好培养成丛生形。

盆的大小 栽植于 5~6 号盆。每 2~3 年根据植株生长大小上盆 1 次。

培养土 将赤玉土与腐叶土按 1:1 的比例混匀，作为培养土用于栽植。12 月～来年 1 月和 8 月各施入数粒玉肥。

水分管理 因为根系浅，不耐干燥，所以一定要注意经常保持适度水分。土壤干了，就浇足水。

丛生形的培养

栽植后

短截枝条顶端，促使枝条产生分枝。着生花芽后，要防止花芽脱落。

第 2 年的夏季

上一年抽生的枝条结出果实。因为不耐热，所以在 6 月左右疏除不要的枝条，以改善通风。

第 3 年的冬季

疏除只有顶端结果的枝条，用新枝更新。

第4章 果实色泽漂亮的柑橘类

果实色泽漂亮的柑橘类，

自己种植的话，能体会到采收果实的乐趣。

在庭院栽植 1 株漂亮的果树还能美化庭院。

不能进行庭院栽培的凉爽地区，可以进行盆栽。

温州蜜柑

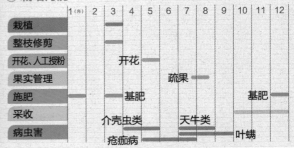

◉ 栽培资料

耐寒性 ●●● **耐热性** ●●● **耐阴性** ●●●

留果量……25~30 片叶供应 1 个果

栽培适宜地区…日本关东以西的温暖地方，特别适于几乎没有北风、光照好的地方

授粉树……不需要

童期……庭院栽培：5~6 年。盆栽：3~4 年

◉ 栽培月历

	1(月)	2	3	4	5	6	7	8	9	10	11	12
栽植			—									
整枝修剪			—									
开花、人工授粉				开花	—							
果实管理							疏果	—				
施肥	—		—	基肥							基肥	—
采收										—	—	—
病虫害			介壳虫类	—	—		天牛类 —	—				
							—	—	— 叶螨			
			疮痂病		—	—	—					

品种的选择方法

分为普通品种和早熟品种。因为早熟品种在天气变冷前采收，所以在不怎么温暖的地方也能栽培。普通品种果实味道虽好，但是采收后因为寒冷，树势没有恢复，容易引起隔年结果现象。家庭栽培最好选用容易栽培的早熟品种。因为单株可以结果，所以没有必要与其他的品种一起栽植。

推荐的品种（特性与栽培要点）	
宫川早生	早熟品种。耐寒，难以发生隔年结果现象。采收期在 10 月中旬 ~11 月上旬
兴津早生	早熟品种。耐寒，难以发生隔年结果现象。采收期在 11 月上中旬
南柑 20 号	普通品种。特点是个大味浓。难以发生隔年结果现象。采收期在 11 月中下旬
青岛温州	果个大、数量多，但易引起隔年结果现象。采收期在 12 月中旬
日南 1 号	极早熟品种。每年正常结果。采收期在 9 月中旬
由良早生	极早熟品种。品质优良。采收期在 10 月上旬

1 栽 植

➡ 3 月

选择没有冷凉北风，光照、排水良好的地方栽植。

❶ 挖直径为 50 厘米、深 50 厘米左右的栽植坑，挖出的土与腐叶土混匀。

❷ 将❶的一半土加上油渣和牛粪混匀，回填。

❸ 余下的土栽植苗木，浇水。

❹ 在植株基部铺上落叶或稻草，防止干燥。

❺ 在苗木 50~60 厘米高处短截。

2 整枝修剪 ➡ 3 月

柑橘类果实的着生方式

柑橘类，一年抽生 3 次枝。4~5 月抽生短的充实的春枝，7~8 月从那些春枝上抽生夏枝，9~10 月从夏枝上抽生稍弱的秋枝。来年春季，主要是上一年抽生的春枝顶端着生 2~3 个花芽，由这些花芽抽生结果枝，秋季结果。夏枝和秋枝也能着生花芽，但不能结好果。

由上一年结果的枝条在来年抽生不能结果的发育枝，发育枝在下一年结果。这样，柑橘类就容易引起一年结果、一年不结果交互进行的隔年结果现象。

花芽和叶芽

花芽，比叶芽膨得大

叶芽，比花芽小、扁平

柑橘类果实的着生方式

3 月
上一年没有（结果）的春枝
花芽（混合花芽）
上一年结果的枝条没有着生花芽
夏季
由花芽抽生新梢（结果枝）结果
果实
抽生发育枝
来年夏季
上一年结果的枝条抽生没有着生花芽的发育枝
上一年没有（结果）的枝条结果

柑橘类树形的培养方法

柑橘类多数有容易在上部抽生枝条的性质。因此，为了抑制树势、提早坐果，所以一般留 2~3 根枝条作为主枝横向引缚扩展，培养成自然开心形。控制了高度，进行修剪、采收等管理也就方便了。

自然开心形的培养

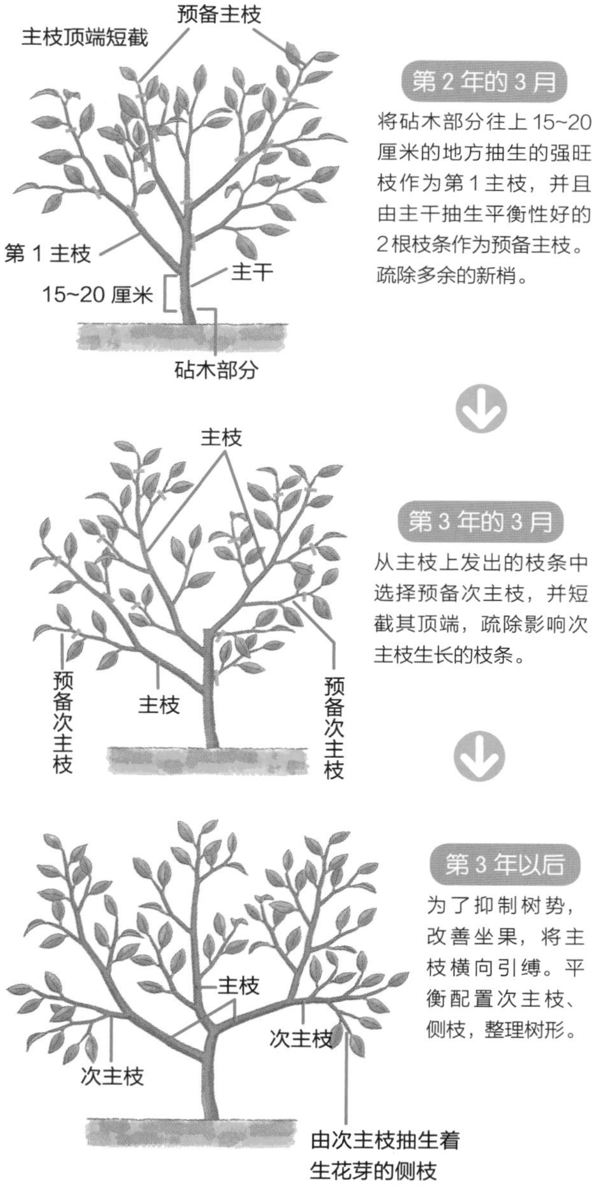
主枝顶端短截
预备主枝
第 2 年的 3 月
将砧木部分往上 15~20 厘米的地方抽生的强旺枝作为第 1 主枝，并且由主干抽生平衡性好的 2 根枝条作为预备主枝。疏除多余的新梢。
第 1 主枝
主干
15~20 厘米
砧木部分
主枝
第 3 年的 3 月
从主枝上发出的枝条中选择预备次主枝，并短截其顶端，疏除影响次主枝生长的枝条。
预备次主枝
主枝
预备次主枝
第 3 年以后
为了抑制树势，改善坐果，将主枝横向引缚。平衡配置次主枝、侧枝，整理树形。
主枝
次主枝
次主枝
由次主枝抽生着生花芽的侧枝

柑橘类的修剪要点

修剪是在 3 月上旬到萌芽期进行。

因为柑橘类是常绿树，所以冬季叶片也在制造养分，因此，不需像落叶树那样剪掉大量枝条。

通过修剪主要疏除影响主枝、次主枝、侧枝等树体骨架枝条生长的枝条，或影响树体内部光照的枝条，整理树形。

着生大量花芽的“大年”，短截上一年抽生的夏枝或秋枝，促进来年着生花芽的枝条的生长。花芽较少的“小年”，只是疏除修剪或控制修剪，一定要注意不要剪掉花芽。

从四周观察树体全貌，认真配置主枝、次主枝、侧枝。

1 疏除主枝顶端朝向树体内侧生长的枝条，留下朝外抽生的枝条。

2 留下的外向枝条，短截其顶端 1/4~1/3，留下的主枝用同样的方法短截顶端。

操作1 短截主枝顶端

修剪后的状态。为了使光照达到树体内部，要减少枝叶量。柑橘类需剪掉叶片的数量在树整体的 2 成以内。

操作③ 疏除轮生枝

从同一部位抽生好几根枝条形成的轮生枝，难以着生花芽。疏除上部长势旺的直立枝。

操作② 疏除影响次主枝生长的枝条

上部的枝条会导致次主枝光照恶化，要疏除。1 根主枝，选择 2~3 根次主枝交互配置，除此以外的疏除。

操作④ 疏除多余的直立枝

因为直立枝难以着生花芽，所以留下粗枝，其余的枝条从基部疏除。留下的枝条因养分集中会生长得充实。

夏枝、秋枝的修剪

着生大量花芽的“大年”，到了夏枝或秋枝结果后，就会引起来年的隔年结果现象。因此，像下图那样短截夏枝或秋枝，来年会在剪切的地方抽生着生花芽的枝条，可以预防隔年结果现象。

只有春枝的情况

因为由花芽抽生结果枝结果，所以注意不要短截。

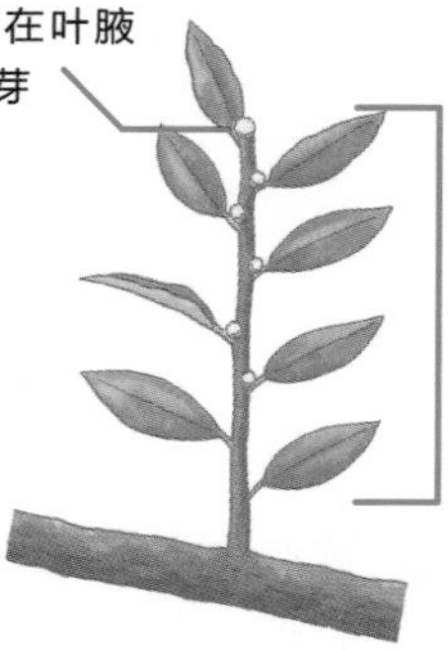
混合花芽
几乎都在叶腋
着生花芽
春枝
叶与叶之
间形成充
实的短枝

由春枝抽生夏枝的情况

在夏枝基部短截，由春枝抽生着生花芽的枝条。

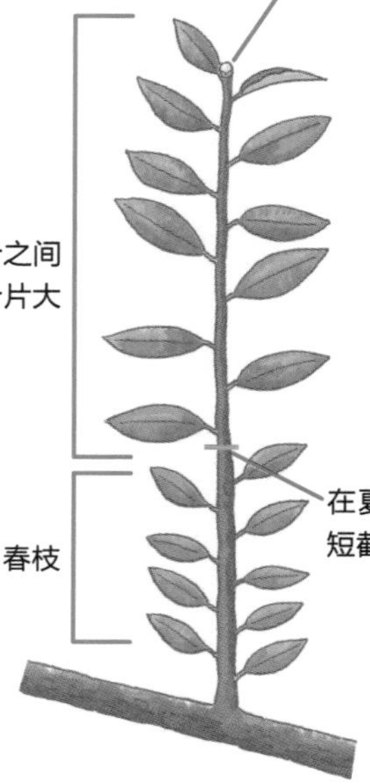
只有夏枝顶端着生花
芽，其余都是叶芽
夏枝
叶与叶之间
长、叶片大
春枝
在夏枝基部
短截

由春枝抽生夏枝、秋枝的情况

在夏枝中间短截，抽生着生花芽的枝条。

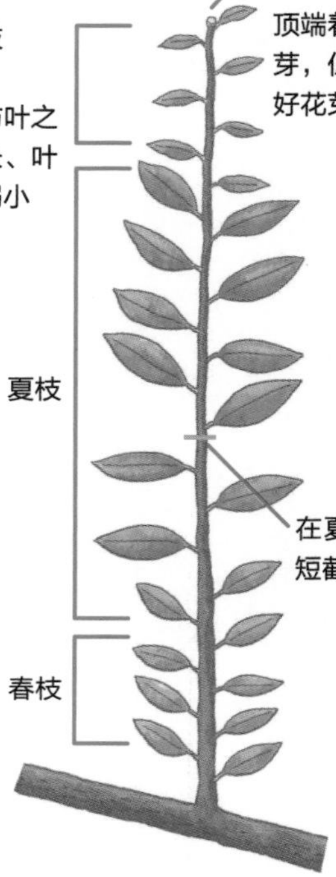
秋枝
顶端着生花
芽，但不是
好花芽
秋枝
叶与叶之
间长、叶
片弱小
夏枝
在夏枝中间
短截
春枝

专业技巧 提高坐果率

整理一半果梗枝，预防隔年结果现象

因为果梗枝（上一年结果的枝条）不结果，所以果梗枝多时应短截，使其当年抽生能结果的枝条。但由果梗枝抽生的能结果的枝条，如果短截过量会引起隔年结果现象。考虑到来年的产量，应短截果梗枝总量的 1/3~1/2。

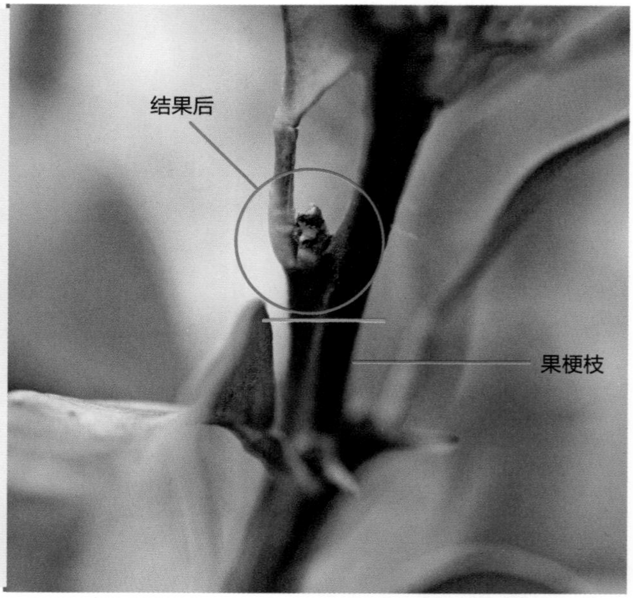
结果后
果梗枝

果梗枝的顶端。结果后短截果梗枝，能抽生新的结果枝。

专业技巧　增加产果量

用剪切夏枝的方法改善坐果

夏枝，有在基部剪切和中间剪切两种不同的剪切方法，无论哪种剪切方法，都能增加着生好花芽的枝条，提高产量。

基部剪切
1 在夏枝基部剪切时，留 5 毫米短截。夏枝也有在春枝基部抽生的。
春枝
夏枝

太阳光照
2 剪切后，春枝能够得到光照。同样，对余下的夏枝进行短截。
5 毫米

中间短截
从中间短截，在叶的上方抽生着生花芽的枝条。
夏枝
枝条顶端的方向

在叶的正上方短截

请教　小林老师

Q 去年结果量大，导致今年没有果实。为什么啊？

A 温州蜜柑，同一枝条不能 2 年连续结果，并且上一年结果后营养不足，会导致来年难以坐果。这就是隔年结果现象。预防隔年结果现象的方法有合理的整枝修剪或疏果，除此以外疏蕾也有效。疏蕾在开花前进行，疏蕾后所留果实数量比最终收获的果实数量多 2~3 成。

年内采收所有的果实，也能预防隔年结果现象。

Q 干上出现的锯末会导致树势衰弱，究竟为什么呢？

A 有可能是发生了天牛为害。特别是温州蜜柑，经常出现的是星天牛。这种天牛夏季出现，在树干产卵。幼虫在树体中大致存活 2 年，边啃食干的内部边生长。有幼虫进入的树体，生长变差，严重时枯死。在出现木屑的部位一旦发现虫孔，就插入金属丝刺杀。

用聚乙烯制成的膜或纸包裹树干，能预防天牛产卵。

3 开花、人工授粉

➡5 月

温州蜜柑到了5月开白花。因为能够单株结果，所以不需要人工授粉。

4 果实管理

➡7 月下旬 ~8 月中旬

疏果

若让柑橘类当年着生的果实全部成熟，会导致树体营养不足，就会引起隔年结果现象。因此，要在树体自然落果的生理落果后进行疏果，减少果实数量。

温州蜜柑按照25~30片叶着生1个果的标准进行疏果。

疏果

一个地方果实过多，这些果就长不大。
去掉时用木剪
去掉

1 去掉小果、伤果、朝上生长的果。按照25~30片叶留1个果的标准，从果实密集的地方疏除。

2 疏果后的状态。每个果实间都留有空间，这些果实个头也会增大。

专业技巧 改善风味

通过反射光增加果实甜度

开始结果后，就在树下铺设反光的材料——反光膜（布），这样能把光照反射到树体内部，果实会更甜。

将反光膜铺在树的枝展范围内。可在市场上购买专用的反光膜，但也可以用能够反光的材料代替。盆栽铺设反光膜也有效果。

铺设反光材料的状态。将下面的光反射到树体内部，就能增加光照。

5 施 肥

➡12月~来年1月、3月

● **基肥：** 12 月 ~ 来年 1 月按 1 千克 / 株施入有机质肥料（配制 A），3 月按 550 克 / 株施入化学肥料。

6 采 收

➡10~12 月

采收期因品种不同而不同。无论哪个品种，果实从绿色变为橙色就表示成熟了。先将易受霜害影响的树体上部或外侧的果实采收。为了预防隔年结果现象，年内应采收所有的果实。

7 病虫害

●**疮痂病：**霉菌导致发病，叶片上产生白色斑点、果实上产生浅褐色斑点。病害盛发时，斑点上形成凸起状。必须避免长时间淋雨或控制氮素肥料的施入等。

●**介壳虫类：**主要是在春季发生。在干上等大量发生，吸食树液。煤污病也会引起介壳虫发生。一经发现，用刷子等刷掉。

●**天牛类：**幼虫在干或枝条内部啃食，导致树体枯萎，所以要寻找虫孔（啃食部位）进行捕杀。因为多在树干上产卵，所以一定要留心这些部位。

●**叶螨类：**寄生于叶背吸食树液。受害的叶片发白、脱落。为害果实后，果实表面没有光泽。虫子小到肉眼很难看见，一经发现叶螨集中为害，用强力水压喷掉即可。

盆栽要点

拉开枝条，增大果个

盆栽的栽培方法与庭院栽培的相同。栽植后，为了增大果个，将枝条左右引缚拉开，控制树势即可。

因为抗寒性弱，所以要注意温度管理，冬天要移到光照好的地方。

盆的大小 栽植于 5~6 号盆，于枝条顶端 1/4 处进行短截。结果后，为了不引起卷根，必须每 2 年上盆 1 次。

培养土 将赤玉土与腐叶土按照 1:1 的比例混匀，作为培养土用于栽植。12 月 ~ 来年 1 月在盆边压入数粒玉肥。

水分管理 夏季每天浇水 1 次，冬季 4~5 天浇水 1 次，防止土壤变干。

用绳子绑住枝条后，再调整长度。

栽植与枝条引缚

操作前

1 先在盆底放入 5 厘米左右高的栽植用培养土，再舒展根系，放好苗木。

2 填好土的状态。土填到距盆沿 2~3 厘米的地方。

3 将枝条向左右引缚拉开。引缚，就是将绑枝条的绳子，缠绕盆体一周绑好。有长势的枝条用同样的方法引缚。

操作后

4 引缚后的状态。将枝条拉开，抑制树势，改善坐果。盆栽几乎不抽生夏枝、秋枝，所以修剪以疏除修剪为主。

金橘

◉ 栽培资料

耐寒性 🍊🍊🍊　**耐热性** 🍊🍊🍊　**耐阴性** 🍊🍊🍊

留果量…………5~6 片叶供应 1 个果

栽培适宜地区…适于日本关东以西的温暖地区栽植，但即使在东北温暖地区也能栽培

授粉树…………不需要

童期……………庭院栽培：3~4 年。盆栽：2~3 年

◉ 栽培月历

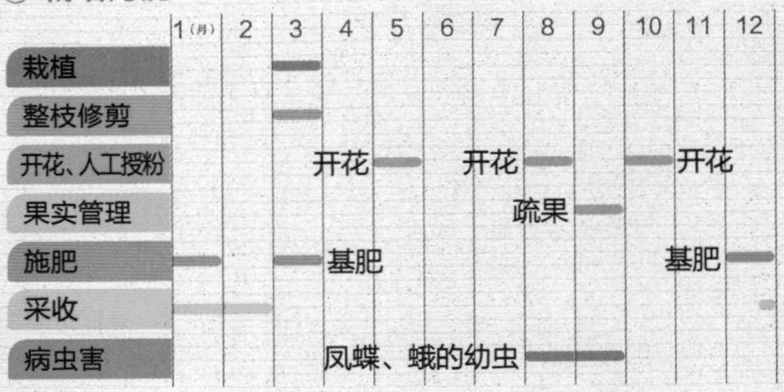

1（月） 2 3 4 5 6 7 8 9 10 11 12
栽植
整枝修剪
开花、人工授粉
开花
开花
开花
果实管理
疏果
施肥
基肥
基肥
采收
病虫害
凤蝶、蛾的幼虫

品种的选择方法

金橘，又名金柑，树最高也就 2 米，因为树体小，并且单株能够结果，所以栽培容易。它有好几个品种，但是最好选用浓甜的宁波金柑或个大的大果金柑栽培。

推荐的品种（特性与栽培要点）	
宁波金柑	金柑的代表品种。甜味浓，鲜食。刺少。难以出现隔年结果现象。容易栽培
大果金柑	果个大。在温暖地区栽培果个更大
长实金柑	果实呈椭圆形，酸味浓，主要用于甘露煮。难以出现隔年结果现象
圆实金柑	特点是果实为球形
甜蜜糖	果个大。特甜的品种

宁波金柑

1 栽植

➡ 3 月

与温州蜜柑相同。

2 整枝修剪 ➡ 3 月

果实的着生方式

上一年抽生的春枝顶端附近着生 2~3 个花芽（混合花芽）。春季由花芽抽生新梢，在新梢上开花结果。并且，上一年枝条的腋芽也能结果。

金橘的特点是整个一年分别在 5 月、7 月、10 月开 3 次花，但夏季开花结果最多。

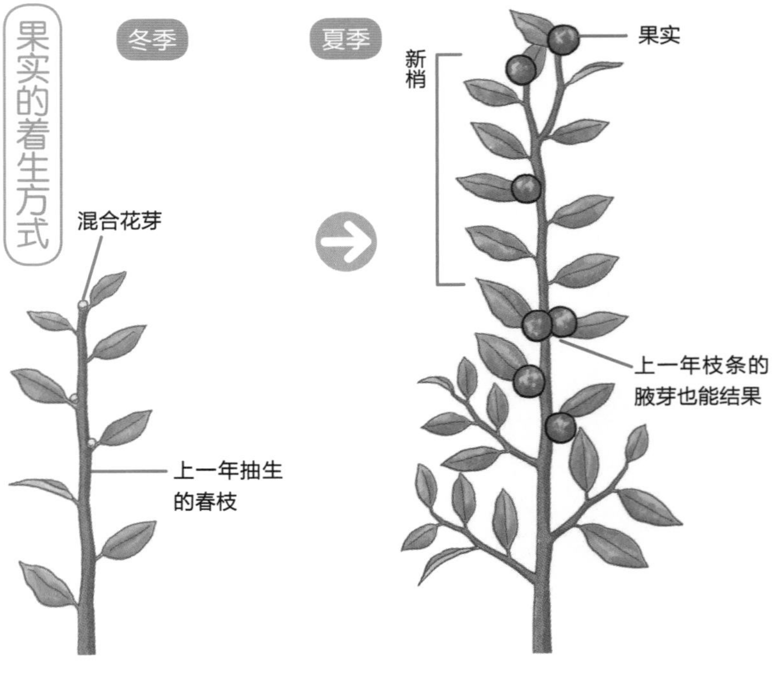

果实的着生方式
冬季
夏季
混合花芽
上一年抽生的春枝
新梢
果实
上一年枝条的腋芽也能结果

培养方法与修剪要点

树高 2 米左右，培养成小型树形会显得树形有点乱，所以一般将生来就有的自然树形培养成扫帚形。

因为容易抽生细枝，会导致树体内部光照恶化，所以要选留 2~3 根主枝，疏除其余枝条，确保树体透光。修剪时要注意不要短截掉枝条顶端的花芽。

扫帚形的培养

第 1~2 年的春季

第 1 年短截掉新梢顶端 1/3 左右，促进枝条生长。从第 2 年开始，疏除密挤枝或内向枝。这些枝也能结果，但短截后就不能结果了。

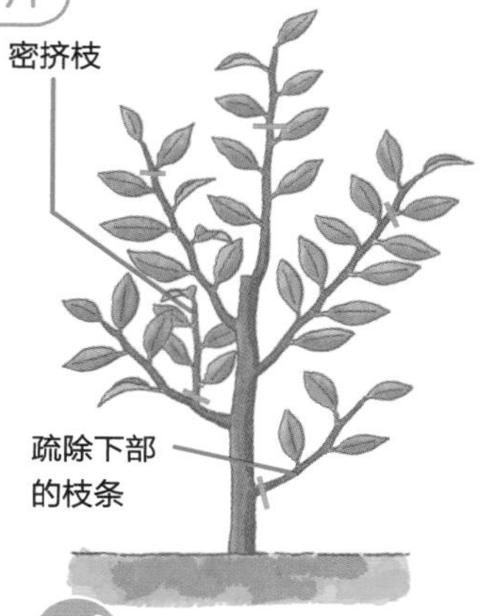

第 3 年的春季

树形基本培养完成。此后修剪以疏除密挤枝或过长的徒长枝为主。

专业技巧 提高坐果率

让放任树恢复树势

因为金橘枝条长，所以放任生长后易使枝条密挤、扰乱树形，导致坐果变差。

即使形成这种状态的放任树，疏除不要的枝条、短截不结好果的上一年的夏枝或秋枝，也能恢复树势。

1 短截上一年抽生的夏枝或秋枝。因品种不同而抽生的有刺的枝条，全部疏除。

2 树形直立的树，能够着生花芽的枝条长，坐果率高。

请教 小林老师

Q 金橘用作绿篱的话，怎么做才好呢？

A 叶片小而密挤，果个不是太大的金橘主要用作绿篱。

做绿篱的地方两端难以立支柱，就用 2 根绳子。沿绳 1 米间隔栽植苗木。通过修剪配置枝条，对徒长枝每年回缩 2 次，填满苗木间的空间。有空隙时，将枝条左右拉开引缚。

专业技巧 提高坐果率

把树形培养成正方形，让其充分接受光照

第 3 年以后的修剪是要疏除向上生长的直立枝、轮生枝、内向枝，使光线照射到树体内部。要求整体的形状近似正方形，可以边整形边修剪，以便平衡修剪。

上部生长得更长
把树形修整成长方形
修剪前
该树整体呈纵向长的长方形。直立枝向上生长，会扰乱树形。

枝叶生长
操作1 疏除长势旺的直立枝

长势旺的直立枝从基部疏除。

操作2 疏除轮生枝
轮生枝

形成轮生枝的直立枝，从基部疏除。

操作3 疏除内向枝
内向枝

形成内向枝的直立枝，从基部疏除。

修剪后

树形近似正方形。疏除不要的枝条，树体内部也能有光照。

修剪到从侧面都能看出是正方形

3 开花、人工授粉

➡5 月、8 月、10 月

金橘一年开 3 次花。因为单株能够结果，所以不需要人工授粉。坐果差时，进行人工授粉，用笔在花中来回摩擦，可以更好地结果。

4 果实管理

➡9 月

疏果

一般没有必要疏果。但为了让早早发育的果实长得大点，就要疏掉发育晚的小果或伤果，以增大果个。

5 施 肥

与温州蜜柑（P170）相同。

6 采 收

➡12 下旬 ~ 来年 2 月

11 月下旬左右，果实的皮色逐渐转黄，有甜味，按照成熟的先后顺序采收。采收期长达 2 个月左右。有趣的是采收的果实除了鲜食外，还能做甘露煮或果酱等。

7 病虫害

●**凤蝶、蛾的幼虫：**幼树或盆栽容易生虫，啃食叶片。一旦发现叶背有卵，要立刻摘除。

蛾的幼虫。一旦发现，立即捕杀。

盆栽要点

为了使盆栽果实变大，要进行疏果

金橘树形小，结果量大，是最适宜进行盆栽的果树。修剪等栽培管理与庭院栽培的相同。但结果后进行疏果的话，每盆最好留 10~20 个果。因为抗霜害或寒风能力弱，所以一定要在防寒上下功夫，冬季将其移到屋檐下。

盆的大小 春季或初秋栽植于 5~6 号盆。能结果后，每年进行上盆。

培养土 将赤玉土与腐叶土按照 1:1 的比例混匀，作为培养土用于栽植。栽植后，灌足水。12 月 ~ 来年 1 月，在盆边压入数粒玉肥。

水分管理 因为不耐干燥，所以要注意水分管理，不要让土壤变干。

盆栽疏果

疏果前的状态。疏掉小果等，每枝留 2~3 个果，整盆留 10~20 个果。枝条顶端结的果实，除了留下大的、好的，其余全部摘掉。

夏蜜柑、伊予柑、八朔、日向夏等

夏蜜柑

◉ 栽培资料

耐寒性 ●●● **耐热性** ●●● **耐阴性** ●●●

留果量…………因品种不同而不同（参照果实管理）

栽培适宜地区…特别适于日本关东以西的温暖地区、夏季几乎不刮冷凉风的太平洋沿岸等地栽培

授粉树…………八朔、日向夏需要，除此以外都不需要

童期……………庭院栽培：4~5 年。盆栽：3~4 年

◉ 栽培月历

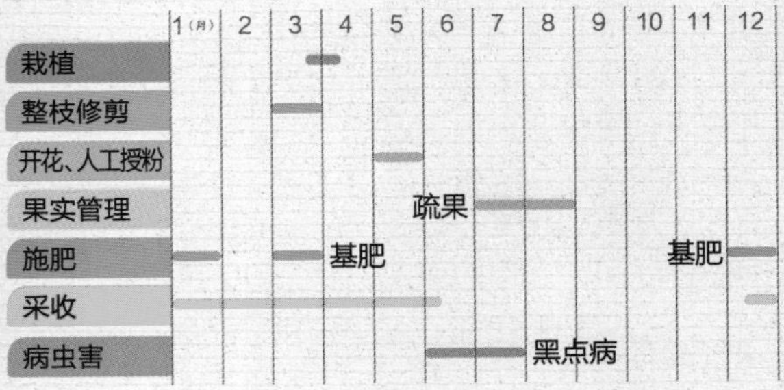

品种的选择方法

夏蜜柑、伊予柑、八朔、日向夏等总称为杂柑类。在日本，夏蜜柑中的川野夏橙一般以“甘夏”的名字出售。

伊予柑中容易栽培的是适于小型栽培的宫内、大谷等品种。

因八朔或日向夏用自己的花粉难以授粉，所以要与夏蜜柑或伊予柑等一起栽培。除此以外的品种都能单株结果。

文旦

日向夏

推荐的品种（特性与栽培要点）

● 夏蜜柑	
川野夏橙（甘夏）	个大。汁多、略酸。栽培容易。树势强旺，能长成大树。采收期在 12 月中旬 ~ 来年 1 月上旬
红甘夏	果实品质大致与甘夏相同。果肉接近橘色。采收期在 1 月
新甘夏	果实品质大致与甘夏相同。栽培容易。采收期在 12 月中旬 ~ 来年 1 月上旬
● 伊予柑	
宫内伊予柑	果实比其他杂柑类小。不耐寒。树体较小。采收期在 12 月上中旬。
大谷伊予柑	因为结果量大，所以一定要及早疏果。采收期在 12 月中下旬
● 其他	
八朔	果汁少，风味好。大树。需要授粉树。采收期在 2~3 月
日向夏	果个大，香味好。需要授粉树。采收期在 5 月上旬 ~6 月上旬
不知火	清见和椪柑的杂交种。果汁多，味甜。采收期在 1 月下旬 ~2 月上旬
清见	温州蜜柑和特罗维塔甜橙的杂交种。枝条容易下垂。采收期在 2 月下旬 ~4 月中旬
文旦	也叫芦柑、椪柑。果实个大。采收期在 10~12 月

1 栽植

➡ 3 月

与温州蜜柑（P164）相同。

2 整枝修剪 ➡ 3 月

果实的着生方式

与温州蜜柑（P164）相同。

培养方法与修剪要点

与温州蜜柑（P165）一样培养成自然开心形。修剪也与温州蜜柑的相同，在 3 月进行。八朔因为树体生长快，枝条密挤，所以应疏除不要的枝条。因为是能够长成大树的品种，树体内侧也能结果，所以修剪时要让光线照到树体内侧。

夏蜜柑等 3 月还结果的品种，除了疏除不要的枝条，采收后还要进行细枝的修剪。

夏蜜柑的修剪

1 修剪前的状态。枝条密挤，树体内侧的叶片得不到光照。

2 疏除轮生枝。柑橘类轮生枝多。

3 疏除时，去掉朝向树体内侧的内向枝。用同样的方法修剪其他轮生枝。

4 修剪后的状态。疏除内侧多余的枝条，从树的侧面也能看到内部，内侧的叶片和果实也能得到光照。

请教 小林老师

Q 到了春季采收夏蜜柑时，果实中部好像是干瘪的，这是为什么？

A 这种情况被称为“果实粒化”现象。到了冬季，地温下降后，根系吸收水分的功能减弱，造成树体缺水。这样，果实的水分就会因用于树体代谢而干瘪。在寒冷地区栽培比较多见，在温暖地方栽培几乎不会发生。可将树体盖上寒冷纱、在植株基部铺上稻草等防冷、防干燥；12 月～来年 3 月挂果期间浇水，不要让土壤干燥。

Q 夏蜜柑的叶片和果实上都有黄色斑点，是病害吗？

A 很可能是溃疡病。下雨较多的梅雨时期，从叶片或枝条的伤口开始感染。不要让枝条或叶片受伤，要预防风雨。

感染后，摘掉发病部位并烧毁。文旦和夏蜜柑在柑橘类中都是易感病的，一定要注意。

专业技巧　提高坐果率

剪短夏枝、秋枝，保证每年结果

以夏蜜柑为代表，多数的柑橘类，上一年结果的枝条（果梗枝）不会着生花芽，所以会发生有大小年的隔年结果现象。因此，要将夏枝、秋枝短截到春枝的地方，让着生充实花芽的春枝抽生结果母枝作为预备。来年春季，结果母枝上会着生充实的花芽。

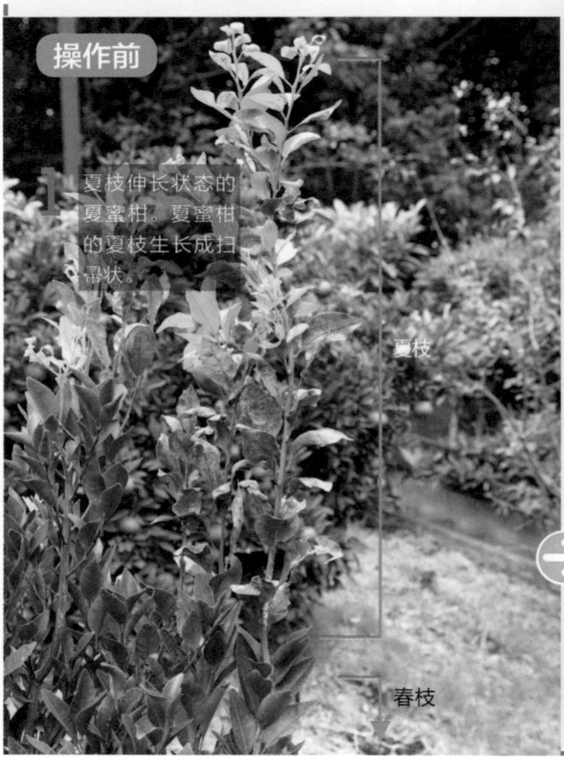

1 夏枝伸长状态的夏蜜柑。夏蜜柑的夏枝生长成扫帚状。

2 为了让春枝抽生结果母枝，应在夏枝基部短截。

3 夏枝留 5 毫米左右短截。短截留下的隐芽抽生枝条，形成结果母枝。

3 开花、人工授粉

➡5 月

5 月开花。八朔和日向夏需要授粉树。没有和夏蜜柑等一起栽植时，要进行人工授粉。

人工授粉，就是将夏蜜柑等的花粉收集到容器中，用笔或棉棒的头蘸取花粉，将花粉粘到每朵花上。

4 果实管理

➡7~8 月

生理落果后，进行疏果，防止结果过多而出现隔年结果现象。夏蜜柑、伊予柑、八朔按照 70~80 片叶着生 1 个果，日向夏按照 50~60 片叶着生 1 个果的标准进行选留，摘掉伤果、生长差的果、与其他果实重叠的果、朝上生长的果。

5 施肥

➡3 月

与温州蜜柑（P170）相同。

6 采收

➡12 月中旬 ~ 来年 6 月上旬

温暖地区栽培的夏蜜柑，在 4 月上旬 ~5 月上旬采收。天气转冷后，果实的果汁失水、苦味增加，所以冬季寒冷的地方在 12 月下旬左右开始采收。但采收过早，苦味也很浓。八朔也一样，寒冷时苦味增加。为了防止这种寒害，用寒冷纱等盖住树体，有防寒效果。

7 病虫害

● **黑点病：**6~7 月叶片和枝条上出现黑点，枯死。可以通过排水降低叶片湿度，通过修剪改善通风条件来预防。摘掉发病部位并烧毁。

专业技巧 保护树体

不用农药防治黑点病

黑点病可以引起柑橘类所有的叶、枝、果实发病。采果后的果梗枝、当年枯死的枝条等形成病菌的传染源。因此，修剪时去掉果梗枝和枯枝，可以有效预防黑点病。

1 采果后去掉。

2 防止病菌侵入，可以预防黑点病的发生。

盆栽要点

为适应季节变化而随时移盆

一般情况下，盆栽的栽培方法与庭院栽培的相同。疏果后，每盆留 4~5 个果。为了梅雨时期不淋雨、寒冷时期不受害，所以要把盆移到屋檐下或屋内等地方，这样才能结出品质好的果实。

盆的大小 栽植于 7~8 号盆。结果后，每年上盆 1 次。

培养土 将赤玉土与腐叶土按照 1:1 的比例混匀，作为培养土用于栽植。12 月 ~ 来年 1 月在盆边压入数粒玉肥。

水分管理 土壤表面干燥后，充分灌水。特别是夏季要注意防止让土壤干燥。

杂柑类因为果实个大，盆栽时不能挂果太多，所以要疏果。

柠檬、酸橙

◉ 栽培资料

耐寒性 ●●● **耐热性** ●●● **耐阴性** ●●●

留果量…………柠檬：20~30 片叶供应 1 个果。酸橙：不需要疏果

栽培适宜地区…日本关东南部以西太平洋沿岸的温暖地区，特别适于冬季温暖的西日本的太平洋沿岸

授粉树…………不需要

童期………………庭院栽培：3~4 年。盆栽：2~3 年

◉ 栽培月历

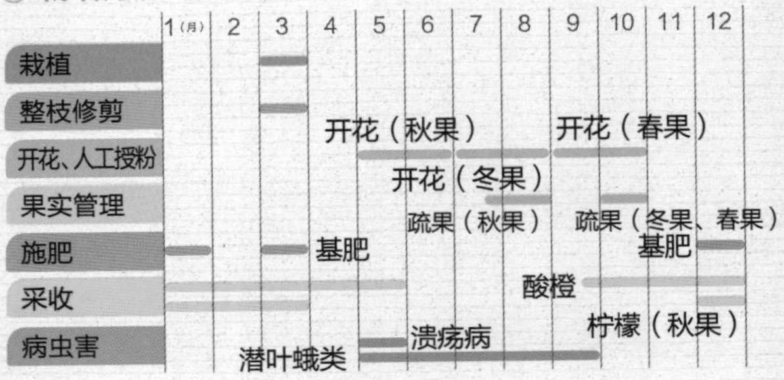

1（月）
2
3
4
5
6
7
8
9
10
11
12
栽植
整枝修剪
开花、人工授粉
果实管理
施肥
采收
病虫害
开花（秋果）
开花（春果）
开花（冬果）
疏果（秋果）
疏果（冬果、春果）
基肥
基肥
酸橙
柠檬（秋果）
溃疡病
潜叶蛾类

品种的选择方法

柠檬、酸橙都能单株结果，所以没有必要配授粉树。柠檬因品种不同，抗寒性有所不同。作为庭院果树栽培，最好选用耐寒性高的里斯本、维拉弗拉卡、尤力克等。

酸橙与柠檬相比，可以栽培在更冷的地方。

推荐的品种（特性与栽培要点）

● **柠檬**

里斯本	四季性差。多是秋果。耐寒性强。柠檬的代表品种
维拉弗拉卡	耐寒性强。难以形成隔年结果现象
尤力克	果汁多，香味好。四季性强。因为耐寒性差，所以适宜温暖地区栽培

● **酸橙**

大溪地酸橙	果个大。果汁多，种子少。在酸橙中，耐寒性强
墨西哥酸橙	果实小。酸味浓，香味好。在酸橙中，耐寒性差

1 栽植

➡3 月

与温州蜜柑（P164）相同。因为抗寒性差，所以应选择难以遭受北风影响的地方。

2 整枝修剪

➡3 月

果实的着生方式

果实的着生方式与温州蜜柑（P164）相同，但柠檬具有四季性，每年 3 次开花、结果。5~6 月开的花，秋季结果（秋果）；7~8 月开的花，冬季结果（冬果）；9~10 月开的花，来年春季结果（春果）。

春季以后抽生的夏枝、秋枝，结冬果、春果。但在日本一般是摘掉冬果、春果，利用秋果。

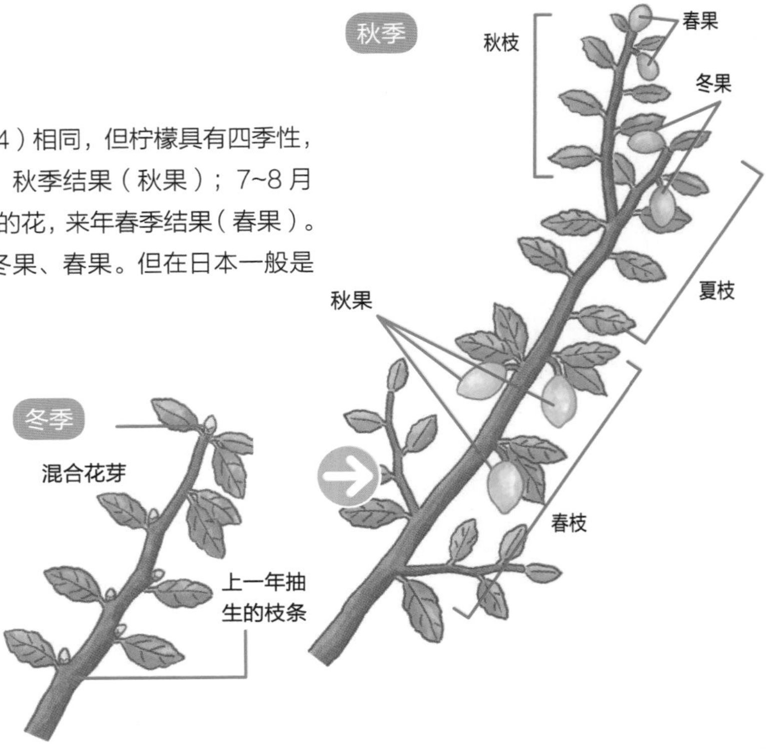

冬季
混合花芽
上一年抽生的枝条
秋季
秋枝
春果
冬果
夏枝
秋果
春枝

大溪地酸橙

培养方法与修剪要点

为了抑制强旺的树势，最好培养成半圆形（P28）。为了让春枝着生花芽，要对徒长的夏枝、秋枝进行短截修剪，并且疏除轮生枝等不需要的枝条，整理树形。

短截徒长的夏枝、秋枝

1 有春枝抽生的大型夏枝、秋枝。因为这样结果后，只在顶端结小果，所以要短截徒长的夏枝、秋枝。

2 修剪后的状态。尽量像这样短截夏枝、秋枝，让春枝着生花芽。

不需要枝条的整理

1 内堂光照差的直立枝难以着生花芽，要从基部疏除。

2 修剪后的状态。疏除像这样不需要的直立枝。

专业技巧 增加产果量

夏枝留 5 毫米，充实春枝

短截抽生的夏枝，促发春枝时，夏枝剪留 5 毫米。这样剪后，由春枝和夏枝交界处的隐芽，可以抽生利于着生好花芽的春枝。

1 抽生春枝、夏枝、秋枝的枝条，短截到春枝处。

2 夏枝留 5 毫米左右，由剪口抽生的枝条形成春枝。

3 开花、人工授粉

➡5~6 月

因为柠檬、酸橙，都能用自己的花粉授粉，所以不需要人工授粉。但无论如何都不结果时，最好进行人工授粉。

柠檬的疏果
去掉
1 疏掉直径在 2 厘米以下的果实。
去掉
2 疏果最终达到 20~30 片叶留 1 个果的标准。疏掉的果实可用于做菜。

4 果实管理

➡7 月下旬 ~8 月（秋果）、10 月（冬果、春果）

不局限于温暖地区，花开完后，最好对冬果、春果都进行疏果。秋果也按每 20~30 片叶留 1 个果的标准进行疏果。

因为酸橙具有生理落果，所以没有疏果的必要。

5 施 肥

与温州蜜柑（P170）一样施肥。但因为柠檬多次开花、结果，所以施肥要多一点。

专业技巧 提高坐果率

叶色差的树，追肥才能结果

柑橘类没有施入足量基肥时，在 5~6 月叶的交替期，老叶变成浅黄绿色。

因为老叶色浅，即使开花，也不能结果，所以在 6 月按照 100 克 / 株施入速效性的化学肥料，可以提高坐果率。

5~6 月，叶片颜色与图中显示相似时，要追肥，这适于所有柑橘类（图中显示的是温州蜜柑的叶片）。

请教 小林老师

Q 红色的小虫来回跑，怎么除掉才好呢？

A 恐怕是柑橘类都有的叶螨类吧。其吸食树液后，叶色发白，果实颜色受损。可用高压水去冲，冲掉后受害部位就不再扩展。

6 采 收

➡12 月 ~ 来年 3 月 柠檬、9 月下旬 ~ 来年 5 月 酸橙

12 月左右，柠檬果实变成黄色，就可以采收。因为果实在树上能挂到来年春季，所以可随用随采。

酸橙果实成熟期在 9 月下旬 ~ 来年 5 月，也能随用随采。

7 病虫害

主要的病虫害与柑橘类大致相同。柠檬主要受溃疡病、潜叶蛾为害。

●**溃疡病：** 5 月以后，果实、叶片等出现黄色斑点。因为梅雨期时也会感染细菌，所以可通过避雨、防风来预防。一经发现就摘掉发病部位并烧毁。

●**潜叶蛾类：** 潜入叶肉中啃食。受害后，叶片表面发白，受害严重时树势衰弱。受害部位扩展前，摘掉被啃食的部分并烧毁。

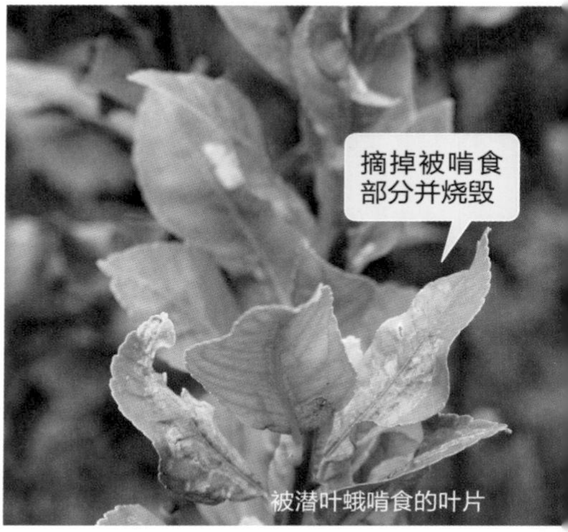
摘掉被啃食
部分并烧毁
被潜叶蛾啃食的叶片

盆栽要点

酸橙盆栽也需要疏果

一般情况下，盆栽的栽培方法与庭院栽培的相同。盆栽最好培养成模样木形。酸橙盆栽也需要疏果，柠檬、酸橙疏果后，每盆都留 3~5 个果。梅雨时期或冬季都要移盆，以防雨、防寒。

必知之事

因为柠檬、酸橙抗寒性都差，会因霜害而落叶，所以要采取措施。在夜间将盆移到室内就可以了；用瓦楞纸板等材料做的大箱子盖住盆，也可以防寒。

盆的大小 栽植于 8~10 号盆。

培养土 将赤玉土与腐叶土按照 1:1 的比例混匀，作为培养土用于栽植。12 月 ~ 来年 1 月，在盆边压入数粒玉肥。

水分管理 在水分容易蒸发的夏季，特别是空气干燥、果实发育的 6~8 月，每天充足灌水 2 次。

柠檬的盆栽

按照每盆 3~5 个
果进行疏果
4 年生的柠檬。6 月左右，发现叶色变成浅黄绿色时，进行追肥。

酸橙的盆栽

盆栽需要疏果，
每盆留 3~5 个果
○
×

小苗时，在此处短截

左图中的盆栽都是第 4 年的酸橙。右边的因为修剪定干太低，生长发育差。

栽植后，苗木短截所留过短，无用的枝条大量发生，会导致树体不生长。

甜橙类

脐橙

◉ 栽培资料

耐寒性 **耐热性** **耐阴性**

留果量……………50~60 片叶供应 1 个果

栽培适宜地区…抗寒性差，可以在日本南关东以西的温暖地区栽培，最适合在纪伊半岛以西、太平洋沿岸的少雨地区栽培

授粉树……………不需要

童期………………庭院栽培：4~5 年。盆栽：3~4 年

◉ 栽培月历

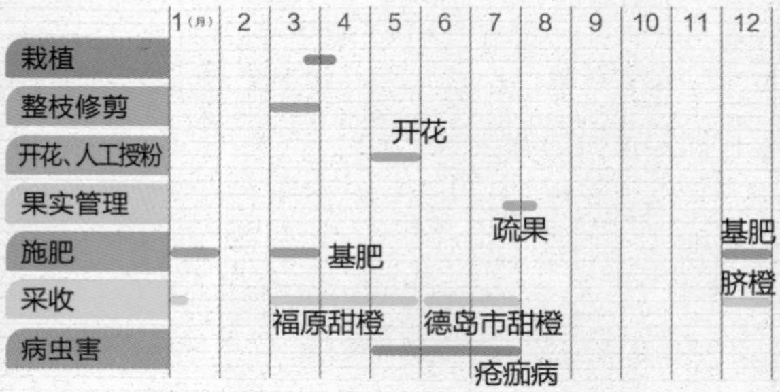

1（月）
2
3
4
5
6
7
8
9
10
11
12
栽植
整枝修剪
开花、人工授粉
果实管理
施肥
采收
病虫害
开花
疏果
基肥
基肥
脐橙
福原甜橙
德岛市甜橙
疮痂病

品种的选择方法

脐橙最好选择种子少、果肉软的吉田、清家、华盛顿脐橙等品种。

其他的甜橙最好选择在世界广泛栽培的德岛市或果实具有香味的福原甜橙。

甜橙类，不同品种的采收期不同。最好选择与采收期相符的品种。

因为能够单株结果，所以没有必要配授粉树。

1 栽 植 ➡ 3 月下旬 ~4 月上旬

一般与温州蜜柑（P164）相同。栽植于避开冬季寒冷、夏季西晒的地方。

2 整枝修剪 ➡ 3 月

果实的着生方式

与温州蜜柑（P164）一样，在上一年抽生的春枝顶端附近着生几个花芽。上一年的夏枝也着生有花芽，但几乎都不是好花芽。春季以后，这些花芽抽生新梢，在其顶端开花结果。

培养方法

与温州蜜柑（P165）相同，培养成自然开心形。培养成半圆形（P28）也可以，将 2 根主枝左右引缚，使其充分接受光照，从而提高坐果率。

推荐的品种（特性与栽培要点）

● 脐橙

吉田脐橙	结果量大。果实酸甜适口。采收期在 12 月上中旬
清家脐橙	结果量大。采收期在 12 月 ~ 来年 1 月上旬
白柳脐橙	在脐橙中，是果个最大的品种。采收期在 12 月中下旬
森田脐橙	结果量大。果皮薄。采收期在 12 月下旬 ~ 来年 1 月上旬
华盛顿脐橙	果实汁多，甜味浓。易引起隔年结果现象，抗溃疡病弱。采收期在 12 月下旬 ~ 来年 1 月上旬

● 其他甜橙

德岛市甜橙	比脐橙酸味浓。易引起隔年结果现象。因为冬季低温易造成落果，所以适宜温暖地区栽培。采收期在 6~7 月
福原甜橙	果汁多，香味好。抗溃疡病。采收期在 3~5 月
塔罗科	属于塔罗科甜橙的一种。果实小。采收期在 3 月下旬 ~4 月上旬

德岛市甜橙

修剪要点

与温州蜜柑（P166）大致相同。修剪时一定要注意，不要剪掉着生花芽的春枝。因为甜橙类修剪过重，就抽生长势旺的枝条，难以着生花芽，所以对夏枝和秋枝的修剪，都是轻剪（P27），所留枝条长点。

结果的品种只是在采收后，对无用的枝条进行较轻的疏除修剪。

3 开花、人工授粉

➡5 月

5 月开花。因为能够单株结果，所以没有必要进行人工授粉。

4 果实管理

➡7 月下旬 ~8 月上旬

疏果

为了预防隔年结果现象，要在生理落果结束后进行疏果。每 50~60 片叶留 1 个果。去掉朝上的果实、生长差的果实、有伤的果实。

专业技巧 改善风味

通过疏果与水分管理预防裂果

脐橙或皮薄的早熟温州蜜柑，在果实成熟期果实下部裂开、最终落果的现象被称为“裂果”。

这是因为干燥的夏季过后，秋季的雨水使土壤水分剧烈变化引起的。

没有完美的预防措施，但疏掉容易裂果的扁平果实、通过疏果选留枝条上叶片数量多的果实、夏季干燥时期定期灌水等措施，对预防裂果都有效。

裂果的脐橙。果实的下侧裂开并落果。

5 施 肥

与温州蜜柑（P170）相同。

6 采 收

➡12 月 ~ 来年 7 月

品种不同，采收期有所不同：采收最早的脐橙在 12 月 ~ 来年 1 月上旬；福原甜橙在 3~5 月；德岛市甜橙在 6~7 月。脐橙在采收后贮藏 1~2 周，酸味消除后即可食用。

7 病虫害

●**疮痂病：**因为霉菌，叶片上生有白斑点、果实上生有浅褐色斑点。斑点不久就会鼓起成凸起状。不让其遭受连天雨、控制氮素肥料等，都是有效的预防措施。

除此以外，甜橙类也容易发生溃疡病（P183）。

感染疮痂病的果实，应去掉。

请教 小林老师

Q 栽了德岛市甜橙，冬季果实脱落，怎么都没有产量？

A 德岛市甜橙等甜橙类比温州蜜柑抗寒性还差，在寒冷的地方，冬季低温会导致落果。

请覆盖寒冷纱，或在植株基部铺上稻草防寒。果实套袋（P46）也有效果。

盆栽要点

冬季采取防寒措施，确保不会落果

一般情况下，盆栽的栽培方法与庭院栽培的相同。最好培养成模样木（P29）形。梅雨时期，移到避雨的屋檐下等地方；因为抗寒性差，冬季需移到温暖的地方。疏果后，每盆留 5~6 个果实。盆的大小、培养土、水分管理与温州蜜柑（P171）相同。

香橙、花柚、酢、卡波苏

香橙

◉ **栽培资料**

耐寒性 ●●● **耐热性** ●●● **耐阴性** ●●●

留果量…………香橙 10~15 片叶供应 1 个果；花柚、卡波苏 8~10 片叶供应 1 个果；酢 4~5 片叶供应 1 个果

栽培适宜地区…日本东北以南的地区可以栽培

授粉树…………不需要

童期………………庭院栽培：4~5 年。盆栽：3~4 年

◉ **栽培月历**

	1(月)	2	3	4	5	6	7	8	9	10	11	12
栽植			━									
整枝修剪			━									
开花、人工授粉					开花 ━							
果实管理							━ 疏果					
施肥	━		━ 基肥								基肥	━
采收											━	━
病虫害	煤污病 ━	━	━	━	━	━	━	━	━	━	━	━
				蚜虫类 ━	━	━						

品种的选择方法

香橙因品种不同，刺的多少有无也有所不同。家庭栽培最好选用刺少的、容易栽培的品种，如多田锦、山根等。

花柚、酢和卡波苏，没有独立的品种。

香橙容易长成大树。酢和卡波苏树高较低，可以进行小型栽培。

推荐的品种（特性与栽培要点）

● **香橙**

多田锦	没有种子，刺少。难以出现隔年结果现象
山根	有种子但没有刺，难以出现隔年结果现象。耐寒性强
狮子香橙	果个非常大，直径将近 20 厘米。树体长得也大

● **其他**

花柚（一岁香橙）	果个比香橙稍小，树体也难以长大，容易栽培。难以出现隔年结果现象。
酢	小果，量大。难以出现隔年结果现象
卡波苏	容易出现隔年结果现象。光照稍差也能生长，但极不耐寒。与香橙相比，适宜温暖地区栽培

卡波苏

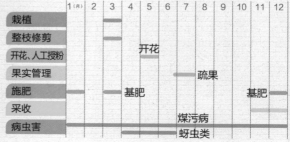

酢

花柚

1 栽 植

➡3 月

与温州蜜柑（P164）相同。

2 整枝修剪

➡3 月

果实的着生方式

与温州蜜柑（P164）相同，枝条每年抽生 3 次，形成春枝、夏枝、秋枝。来年主要是春枝顶端附近着生花芽，由其抽生新梢，新梢的顶端和腋芽开花、结果。

培养方法与修剪要点

香橙与温州蜜柑一样，适于自然开心形。最好从栽植后到第 5~6 年引缚主枝。因为比温州蜜柑树势强，所以直到结果都是留 4 根主枝，以控制树势。结果后，疏除 1 根主枝，留 3 根主枝，可提高坐果率。花柚、酢、卡波苏，一般利用其原有的自然树形，轻松地培养成扫帚形。修剪要点与温州蜜柑的相同。因为树体内堂也能形成果实，所以注意不要剪掉着生花芽的春枝，并且疏除树体内堂得到光照后的多余枝条。

专业技巧 提高坐果率

断根能促使结果

有时，香橙生长发育环境好，树与枝条生长旺盛，反而不结果。如果栽植后即使经过 6~7 年也不结果，就要在 3 月或 6 月断根，削弱树势。即使对已经结果的树进行断根，也能提高坐果率。

1 断根前的状态。在树周围的 4 个地方进行断根。
操作前
最好是在枝条向外扩展的最外处枝条的下方
3 挖出后，将露出的所有根用木剪等剪掉。
剪留的根
2 挖出直径为 30 厘米、深 30 厘米左右的坑。
将铁锹垂直向下挖，以便断根
4 剪完后，用混有油渣和腐叶土等肥料的土回填坑。在其他 3 个地方重复此操作。
操作后

自然开心形的培养

1 从所有的枝条中选出主枝与次主枝，主枝 4 根，每根主枝配置 1~2 根次主枝，其余的疏除。

第 5~6 年
为了控制树高，回缩主干
次主枝左右交错配置，疏除与留下枝条竞争的枝条
主枝
次主枝
主干

2 拉开主枝，进行引缚，控制树势。结果后，疏除 1 根主枝，留 3 根主枝即可。

自此以后，疏除从引缚的枝条上抽生的所有向上生长的枝条

3 开花、人工授粉

➡5 月

5 月开白花。因为能够单株结果，所以没有必要进行人工授粉。

用毛笔等轻轻拨弄花，可提高坐果率。

4 果实管理

➡6 月下旬 ~7 月

为了预防隔年结果现象，要在结果量大的大年生理落果结束后进行疏果。最终按照香橙 10~15 片叶留 1 个果、花柚和卡波苏 8~10 片叶留 1 个果、小型的酢 4~5 片叶留 1 个果的标准进行疏果。

专业技巧　提高坐果率

通过局部疏果缩短作业时间

香橙开始结果后，很快就能结大量果实，疏果也会更费时间。这种情况下，就要进行局部疏果，即以次主枝为单位，疏掉果实总量的 1/3~1/2，这样就可以大幅缩短疏果时间。

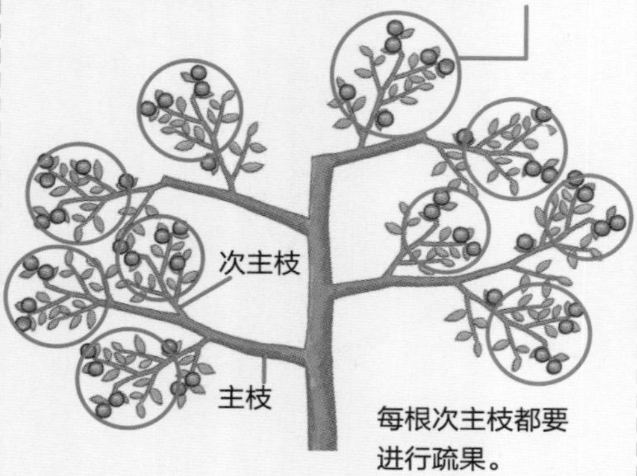

香橙的疏果

1 以朝上的果实、重叠的生长差的果实、有伤的果实等为主，进行疏果。

2 最终，香橙按照每 10~15 片叶留 1 个果的标准进行疏果。去掉的果实可用于做菜。

请教　小林老师

Q 盆栽卡波苏的叶片变黄脱落了，这是怎么回事?

A 香橙、酢和卡波苏等都是比较耐寒的，但在寒冷地区，因为寒冷的程度不同，可能会引起黄叶或落叶现象。盆栽的话，冬季寒冷期间，要将其移到屋内光照好的地方等。庭院栽培的话，在寒冷、北风吹拂的天气，要用开孔、有通气性的塑料设施或寒冷纱覆盖树体以防寒。

5 施肥

与温州蜜柑（P170）相同。

6 采收 ➡11~12 月

香橙和花柚，在 11 月上旬按照果实色泽变黄的顺序依次采收。7~8 成的果实色泽变黄为最佳时期。根据香橙用法不同，也有在果实为绿色时采后利用的。酢在 9 月左右采收，卡波苏在 9~10 月采收。

7 病虫害

●**油虫类**：新梢抽生时，枝条上大量的叶片会卷曲。摘除卷曲的部分。一旦发现寄生的油虫，就用水冲掉。

●**煤污病**：蚜虫、介壳虫等的粪便寄生杂菌，枝条或叶片就像涂了煤一样变黑。除掉引发煤污病的虫子即可。

香橙的用途与采收期

用皮的话，在 8~9 月，直径 4 厘米左右的青果就可以采收。

主要用来榨果汁的话，9~10 月待着色达到 7 成时就可以采收。

用鲜果的话，11 月以后待颜色转黄后采收。

盆栽要点

通过疏果，减轻树体负载

盆栽的栽培方法与庭院栽培的相同。栽植后，短截苗木顶端，所留高度与盆的高度相同。枝条抽生后，左右拉开引缚。因为结果量大时，树体负担加重，所以要进行疏果。7~8 号盆，每盆香橙留果 2~3 个，花柚留果 5~6 个。

盆的大小 栽植于 6~8 号盆。结果后每年进行上盆。如果坐果差，每 2~3 年上盆 1 次。

培养土 将赤玉土与腐叶土按 1:1 的比例混匀，作为培养土用于栽植。12 月 ~ 来年 1 月在盆边压入数粒玉肥。

水分管理 因为不耐干燥，所以土壤表面干后，要进行充足灌水。注意冬季不能让土干燥。

香橙的盆栽

第 3 年的香橙。枝条拉开引缚，可提高坐果率。

管理月历

栽植
整枝修剪
开花、人工授粉
果实管理
施肥
采收

家庭栽培的热门果树

果树名称	页码	1月	2月	3月	4月	5月	6月	7月	8月	9月	10月	11月	12月
苹果	38				冬季修剪 基肥			夏季修剪 追肥	疏果、套袋			基肥	
猕猴桃	48				寒冷地区 基肥	追肥		疏果				基肥	温暖地区
葡萄	54			寒冷地区	花穗整形、植物生长调节剂处理 基肥	追肥	开花	疏穗、疏序、疏粒、套袋、套伞 夏季修剪			礼肥	温暖地区 冬季修剪 基肥	
桃、油桃	64		基肥 疏蕾			疏果、套袋					礼肥	基肥	
李子	70				基肥		疏果	夏季修剪 日本李	礼肥		欧洲李	冬季修剪 基肥	
樱桃	76			冬季修剪	寒冷地区 基肥		疏果	夏季修剪				温暖地区 基肥	
柿子	82				寒冷地区 基肥		疏蕾	疏果 追肥			温暖地区	基肥	
梨	90				寒冷地区 基肥	疏果		疏果、套袋	礼肥			温暖地区 基肥	
梅、杏	97	梅			杏 基肥		疏果（杏）	夏季修剪		礼肥	冬季修剪	基肥	
无花果	104		基肥			开花 疏果（夏果）	夏果		疏果（秋果）		礼肥	开花 基肥 秋果	
石榴	107				基肥	夏季修剪		开花 追肥				冬季修剪 基肥	
枇杷	110		刻芽 疏果、套袋		基肥		刻芽		礼肥		开花 修剪 疏序、疏蕾	基肥	
毛樱桃	114			开花	冬季修剪 基肥	夏季修剪 疏果			礼肥			基肥	
板栗	118				基肥			夏季修剪			礼肥	冬季修剪	基肥

	果树名称	页码	1月	2月	3月	4月	5月	6月	7月	8月	9月	10月	11月	12月
家庭栽培的热门果树	巴婆	122				寒冷地区 基肥				疏果	礼肥		温暖地区 基肥	
	费约果	126				基肥	冬季修剪	疏蕾		夏季修剪			基肥	
	花梨、榅桲	130				基肥		疏果、套袋					基肥	
	橄榄	132				基肥	寒冷地区			疏果			温暖地区 基肥	
	木通、那藤	134				那藤是3月 基肥	疏果		夏季修剪 追肥		那藤是10月中下旬		冬季修剪 基肥	
推荐给初学者的莓类	蓝莓	138				寒冷地区 基肥	追肥			夏季修剪		温暖地区	冬季修剪 基肥	
	树莓	148				寒冷地区 基肥	开花		夏季修剪	礼肥		温暖地区 两季性	冬季修剪 基肥	
	黑莓	152				寒冷地区 基肥	开花		夏季修剪	礼肥		温暖地区	冬季修剪 基肥	
	唐棣	156				基肥 开花			夏季修剪 礼肥				冬季修剪 基肥	
	蔓越莓	158				寒冷地区 基肥	开花				礼肥	温暖地区	基肥	
	醋栗、穗醋栗	160				寒冷地区 基肥	开花			礼肥		温暖地区	基肥	
果实色泽漂亮的柑橘类	温州蜜柑	164				基肥		开花		疏果			基肥	
	金橘	172				基肥		开花	开花		开花	疏果	基肥	
	夏蜜柑、伊予柑、八朔、日向夏等	176				基肥					疏果		基肥	
	柠檬、酸橙	180		基肥			开花（秋果）		疏果（秋果） 开花（冬果）		开花（春果） 酸橙		疏果（冬果、春果） 基肥 柠檬（秋果）	
	甜橙类	184				基肥	福原甜橙	开花		疏果 德岛市甜橙			基肥 脐橙	
	香橙、花柚、酢、卡波苏	186				基肥		开花		疏果			基肥	

本书介绍了果树栽培与修剪的专业技巧。果树可以庭院栽培，也可以盆栽。无论是谁，只要掌握了果树栽培和修剪要点，就能享受到收获美味果实的快乐。

书中详细介绍了40多种常见果树的栽培方法，包含品种选择、栽植、整枝修剪、授粉、疏花、疏果、施肥、病虫害防治、农药的正确使用、采收等基础作业的实际操作，并通过大量图片进行展示，浅显易懂、实用性强。无论果树栽培的初学者，还是已具备一定栽培经验的人，都可将本书作为必备的指南书。

协助摄影　惠泉女学园大学、多摩市立鹤牧西公园

协助拍摄　小林干夫、山阳农园、野口果树农园、花广场 Online

摄　　影　上林德宽

插　　图　竹口睦郁

设　　计　株式会社志岐设计事务所（室田敏江、小山巧）

协助编辑　（株）童梦

图书在版编目（CIP）数据

图解果树栽培与修剪关键技术 /（日）小林干夫监修；张国强译.
—北京：机械工业出版社，2020.1（2022.7重印）
ISBN 978-7-111-64046-2

Ⅰ.①图… Ⅱ.①小… ②张… Ⅲ.①果树园艺－图解 Ⅳ.①S66-64

中国版本图书馆CIP数据核字（2019）第230309号

机械工业出版社（北京市百万庄大街22号 邮政编码100037）
策划编辑：高 伟　　责任编辑：高 伟
责任校对：李 杉　　责任印制：张 博
保定市中画美凯印刷有限公司印刷

2022年7月第1版・第3次印刷
182mm×257mm・12印张・265千字
标准书号：ISBN 978-7-111-64046-2
定价：65.00元

电话服务	网络服务
客服电话：010-88361066	机 工 官 网：www. cmpbook. com
010-88379833	机 工 官 博：weibo. com/cmp1952
010-68326294	金 书 网：www. golden-book. com
封底无防伪标均为盗版	机工教育服务网：www. cmpedu. com